『中国高校“十二五”数字艺术精品课程规划教材』

杜靓 李松林/编著

ANIMATION MODELING

动画雕塑

中国青年出版社
CHINA YOUTH PRESS
中青雄狮

Contents
目录

CHAPTER 3 21
动画雕塑设计创意的形成与表现

CHAPTER 4 33
动画雕塑的制作步骤与基本方法

CHAPTER 5 53
动画雕塑作品实例讲解

CHAPTER 6 93
动画雕塑作品赏析

CHAPTER 1

动画雕塑概述

动画雕塑是动画角色造型设计的重要手段，同时也是动漫周边产品得以衍生的基础，有时也是艺术家进行创作的一种方式。动画雕塑作为一门专业课程，可以让动画专业的学习者有效地了解三维空间内人物和动物的结构，熟悉各种实物的立体造型，学习动手塑形、翻模的方法，从而提升动画角色造型的设计能力。本章从动画雕塑的概念、作用、类别等方面对动画雕塑进行介绍与分析，希望可以使读者对动画雕塑有一个初步的认识。

本章重点：动画雕塑的概念
动画雕塑的作用
动画雕塑的类别

1.1 动画雕塑的概念

在一部动画片中常常会有一个或多个角色出现，因此在动画片制作或拍摄前需要绘制出这些角色的造型设计草图。动画雕塑就是根据动画片的角色造型设计草图和动画导演的要求，采用泥性材料、纤维材料、金属材料、木质材料、泡沫材料等综合材料，运用雕塑、手工制作等综合造型手段塑造出的三维立体造型。这些三维立体造型有时也会成为一个完整的雕塑作品。

同时，动画雕塑也是动画专业的一门造型基础课程。通过此课程的学习，学生可以提高制作动画角色偶型及模型时的造型能力和动手能力。

1.2 动画雕塑的作用

动画雕塑在影视动画的制作、拍摄和动漫周边产品等领域具有重要的应用价值，虽然其作为一门专业课程在各大院校动画专业开设的时间并不长，但在实际操作中，动画雕塑早已在影视动画及动漫周边产品中得到广泛应用。下面我们来详细讲述动画雕塑的作用。

1.2.1 用于动画片中角色的造型设计

动画雕塑常常被应用于动画片中角色的造型设计，包括动画角色的立体造型制作和动画角色建模。在用电脑软件对动画角色进行搭建与渲染之前，必须要有一个完整的、接近于电脑制作效果的实体模型。因此，依据动画师的角色造型设计草图，设计人员需要制作出角色的立体模型。电脑软件在对角色进行骨架搭建与材质选择、色彩渲染时都将以此为依据。

2009年美国皮克斯动画工作室（Pixar Animation Studios）出品的三维动画《飞屋环游记》（*UP*）是一部非常精彩、深受人们喜爱的动画片，影片将三维动画软件技术与略带夸张的漫画人物造型完美结合，塑造出了完整而丰满的人物角色（如图1–1）。角色的造型设计需要运用雕塑手法进行实体模型的设计制作，在平面或其他类型的动画片中，同样可以应用动画雕塑来完善动画角色的造型设计。

以国内知名的网络动画《小破孩》（如图1–2）为例，由这个动画片衍生出来的动漫周边产品很多都是立体造型。如果没有动画雕塑作为应用基础，其立体造型是无法仅仅通过平面动画的角色形象来完善的。《小破孩》系列动画在网络上得到人们的喜爱，而由这个网络动画衍生出来的动漫周边产品也成为了动画雕塑在商业领域成功应用的典型案例（如图1–3）。可以说，立体玩偶造型使网络动画中的二维造型变得更加丰满。

1.2.2 用于定格动画中角色偶型及场景的制作

定格动画的英文是“Stop–Motion Animation”，意为逐格拍摄、连续放映的动画。也有人称定格动画为材料动画或偶动画，这种动画形式接近于影视拍摄的方式，需要搭建实体场景，动画角色也需要有真实的偶型。

图1-1《飞屋环游记》影片镜头

图1-2《小破孩》中的主要人物角色

图1-3 成为商品的“小破孩”布偶

角色偶型就如同电影演员一样，通过自己的表情、肢体语言来演绎动画片的故事情节，完成动画的拍摄，只是角色是动画师制作出来的、可以操控的偶型，其一举一动都由动画师来控制完成。定格动画中的角色偶型一般需要做出四肢关节可动的结构，头部或五官也要通过各种手段制作成可替换的（如图1–4和图1–5）。

定格动画中的主体偶型常用粘土来制作。我国20世纪定格动画《阿凡提》中的人物角色就是运用木偶造型，结合布、粘土、纸材等制作的。作者曲建方先生把一个家喻户晓的人物形象设计得惟妙惟肖，就连阿凡提的小毛驴也深受观众喜爱（如图1–6）。由蒂姆·伯顿（Tim Burton）导演的美国动画片《僵尸新娘》（*Corpse Bride*）中的人物偶型更是具有非凡的创造性，制作中大量地应用了雕塑手段（如图1–7）。

除了角色之外，动画拍摄的场景、道具等都需要用雕塑手段来制作完成。在制作场景和道具时，要用到各种实体材料（如图1–9）。当然，有时定格动画中的场景是用电脑软件绘制并合成到已拍摄的镜头中的，这种方式也称为“抠像合成”。即将角色偶型置于色彩很纯的蓝色或绿色背景前进行逐格拍摄，然后将拍摄好的素材导入到计算机中，利用计算机图像处理软件将角色表演的图像从蓝色或绿色的背景中分离出来，再与电脑绘制的场景进行合成来完成制作（如图1–9）。

图1-4 具有不同表情的可替换人偶头部

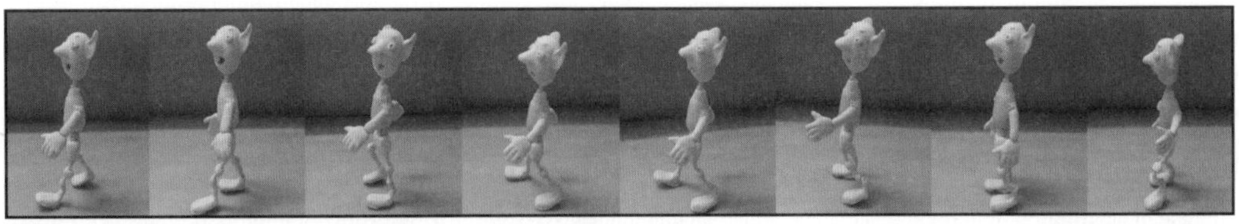

图1-5 用可动偶型拍摄的定格动画——走路的镜头

图1-6 定格动画《阿凡提》中的镜头

图1-7 正在制作的定格动画《僵尸新娘》中的角色偶型

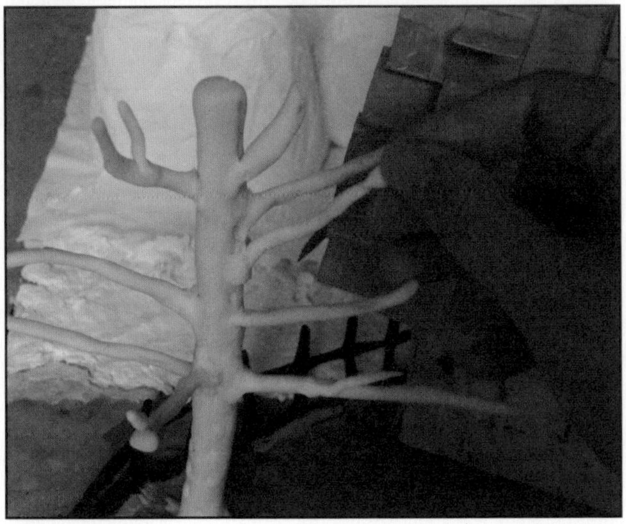

图1-8 正在制作的道具

图1-9 运用“抠像合成”技术的操作界面

1.2.3 用于衍生的动漫周边产品

动漫周边产品是指由影视动画、漫画及网络动画、网络游戏衍生出来的商业产品，包括以动画角色为原型的玩偶、饰品、玩具、日用品、书籍、音像产品等实物产品。正是这些围绕着动画、漫画、游戏而产生的不同类型的产品的生产和出售形成了庞大的动漫产业链。

动漫周边产品的内容大都取自影视网络动画、漫画及游戏中的人物角色、道具、场景的造型，所以其产生的首要基础是动漫、游戏本身的角色造型和形态。动画片的热播、漫画书的畅销是动漫周边产品得到开发的前提，正是因为某个动漫或游戏人物受到欢迎和追捧，动漫的周边产品才得以出现。

近年国产动画片《喜羊羊与灰太狼》广受好评，由该动画片衍生出的玩具、玩偶等更是受到孩子们的追捧（如图1-10）。这些立体的塑胶玩具、毛绒玩具都是动画雕塑应用的结果，所涉及到的工业产品的生产、立体玩具的开发也都是离不开动画雕塑的。

2010年美国电影《阿凡达》（*Avatar*）在全球范围内获得广泛好评，导演詹姆斯·卡梅隆（James Cameron）大胆地运用先进的三维动画技术制作人物角色，片中阿凡达奇异而具有个性的造型成为很多手办、软陶制作爱好者模仿的范例，而由此产生的阿凡达系列玩偶更是取得了巨大的商业利益（如图1-11）。

很多非动画影片也利用动漫周边产品进行影片的宣传及商业利益的获取，比如根据电影《杜拉拉升职记》中的主演徐静蕾形象制作的可爱软陶玩偶在电影中的适时出境，成为后期开发塑胶玩偶的基础（如图1-12）。

简而言之，动漫周边产品的很多元素都是取自动画角色或场景中的实物造型，而动画雕塑是其根本基础。动漫周边产品很多也涉及到三维立体造型，这样的立体造型同样需要运用动画雕塑手段来完善。

1.2.4 用于艺术玩偶的设计和制作

当代艺术形式的多元化促使很多艺术家以“艺术玩偶”作为自己的创作形式，这便使得动画雕塑在很大程度上突破了动画领域，成为艺术家独立创作的一种手段。艺术玩偶不同于普通的、用于获取商业利益的玩偶，艺术玩偶更多地体现了艺术家、设计师的个人创意、时代背景，并具有一定的象征性，有时甚至就是一个“文化符号”。图1-13是日本艺术家奈良美智的作品《梦游娃娃》，表情冷漠的玩偶始终用冷静甚至有些邪恶的眼神看着这个世界，奇怪而富有个性。虽然她的形象奇怪得让人不解，但依然受到很多人的喜爱。

图1-10 根据动画片《喜羊羊与灰太狼》生产的塑胶玩偶

图1-11 根据电影《阿凡达》制作的粘土玩偶/伍冬梅

图1-12《杜拉拉升职记》中的角色玩偶/北京陶立方文化发展有限公司

图1-13《梦游娃娃》/奈良美智

1.3 动画雕塑的类别

在了解了动画雕塑的基本概念与作用之后再来看看其类别。动画雕塑根据制作材料、应用领域、造型风格、造型结构的不同，可以划分为很多类别。了解动画雕塑的不同类型，可以更加全面地了解动画雕塑。

1.3.1 根据材料划分

动画雕塑根据材料划分，可分为粘土动画雕塑、布绒动画雕塑、纸材动画雕塑、金属材料动画雕塑、木质材料动画雕塑和综合材料制作的动画雕塑。

（1）粘土动画雕塑

粘土动画雕塑是指用粘土材料制作动画角色造型或定格动画中的偶型。粘土材料可塑性强、色彩丰富、与人具备天然的亲和性，是制作动画雕塑的首选材料。此外，用粘土也可以制作立体雕塑、场景、道具等。

粘土材料种类繁多，在后面的章节会逐一介绍。图1-14是用软陶制作的系列动画角色造型。

（2）布绒动画雕塑

布绒动画雕塑是指用布绒或类似的布纤维材料制作动画角色造型，在制作定格动画偶型时也会用到布绒材料。布绒材料的材质相对柔软、温和，但不同的布绒材料也会有材质上的差别，如亚麻布纤维质感粗糙，而毛线则较为蓬松，适合制作人物的头发或动物的皮毛（如图1-15）。

（3）纸材动画雕塑

纸材动画雕塑是指用纸质材料制作动画角色造型，这类材料本身并没有厚度，需要进行加工处理才能成为立体或半立体的造型（如图1-16）。当然，在定格动画中也有剪纸动画这样的平面形式。纸材有时也被用于制作场景、道具（如图1-17）。

（4）金属材料动画雕塑

金属材料动画雕塑是指用金属材料制作的动画角色造型或偶型，经常使用的金属材料包括铁皮、铝皮、各种金属丝、金属零件等。图1-18是市场上出售的铁皮玩具。

图1-14 用软陶制作的系列动画角色造型

图1-15 用毛线和亚麻布制作的布偶人物

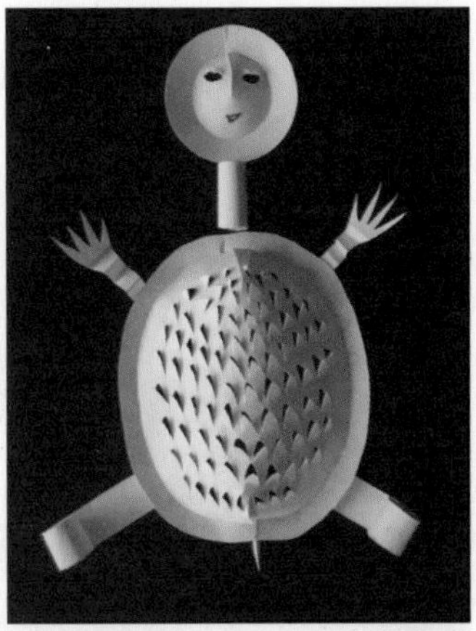

图1-16 用纸制作的具有半立体效果的乌龟

图1-17 用纸材制作的、用于场景布局的房子

图1-18 铁皮火车造型玩具

(5)木质材料动画雕塑

木质材料动画雕塑是用木材、竹子等材料制作的动画角色造型。木材及相似材料的质感坚硬，有天然的纹理(不着色)(如图1-19)。20世纪70~80年代中国儿童喜爱的竹管制作的偶人可以用绳子控制其身体动作，十分有趣，也可归于此类。

(6)综合材料制作的动画雕塑

动画雕塑的制作常常不局限于一种材料，可以将粘土、布绒、金属、木材等多种材料进行综合运用(如图1-20)。

1.3.2 根据应用领域划分

动画雕塑根据应用领域的不同，可以分为动画形象的立体创作类、定格动画的偶型创作类，以及动画周边产品创作类三大类。

(1)动画形象的立体创作

动画形象的立体创作是指在对动画角色进行造型设计时应用动画雕塑手段，依据动画角色设计的平面草图采用雕塑手法制作出动画角色的立体模型(如图1-21)。

(2)定格动画的偶型创作

定格动画的偶型创作是指在角色偶型的创作阶段应用动画雕塑手段。定格动画的偶型制作在很大程度上是将静态的平面动画角色转化成可动的立体偶型，在制作时更注重偶型的骨架、材料的耐性，以方便定格动画的拍摄。

(3)动漫周边产品创作

动漫周边产品的创作是指在动漫周边产品的设计、制作生产中应用动画雕塑手段。

图1-19 木质公仔

图1-21 软陶玩偶作品《大头乐队》

图1-20 用粘土与布绒制作的偶型

1.3.3 根据造型风格划分

动画雕塑根据造型风格可以划分为具象造型、漫画造型、装饰意象造型和几何抽象造型四大类。

（1）具象造型风格

具象造型风格是指在塑造角色偶型时按照对象真实的结构、比例进行塑造，当然也需要进行适度的艺术处理，其造型有着逼真、写实的鲜明特点（如图1-22）。

（2）漫画造型风格

漫画造型风格是指用类似于漫画的夸张方式对对象进行艺术夸张，比如缩短或拉长人物的身体比例、放大或缩小某个五官等。在造型上以幽默、滑稽和夸张为特点（如图1-23、图1-24和图1-25）。

（3）装饰意象造型风格

装饰意象造型风格是指在造型上大量运用适形方式处理，并利用各种具有象征性的图案、图形进行装饰以形成独具特色的地域风格，其装饰性强，造型写意、夸张（如图1-26）。

（4）几何抽象造型风格

几何抽象造型风格是指在塑造角色偶型时主要采用简化和夸张几何体的方法，并在基础几何体上进行各种挖切、组合、分割处理以变换造型，其造型有着简洁、可爱、卡通化的特点（如图1-27）。

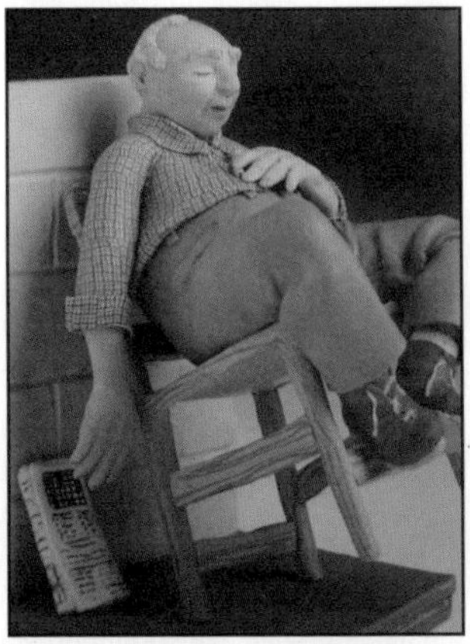

图1-22 泰瑞·佰顿（Teri Byrd）的具象造型风格作品

图1-23 漫画造型风格作品1

图1-24 漫画造型风格作品2

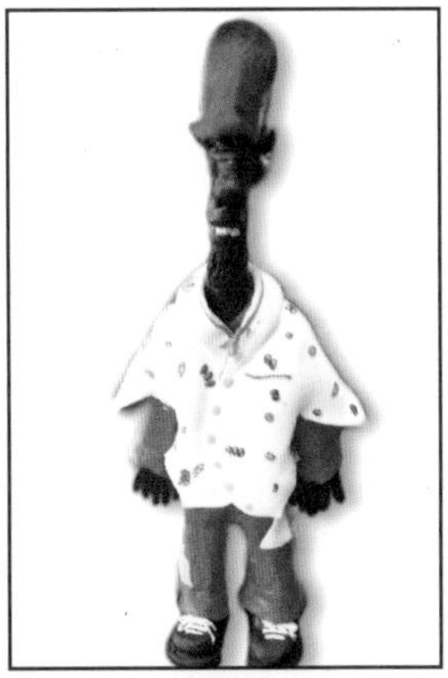

图1-25 漫画造型风格作品3

图1-26 装饰意象造型风格作品

图1-27 几何抽象造型风格作品

1.3.4 根据造型结构划分

动画雕塑根据造型结构可分为静态造型和动态造型两大类。

（1）静态造型

静态造型是指不可动的角色立体造型，此类造型结构能够准确地反映角色立体造型的特征（如图1-28）。

图1-28 动画角色仓鼠的静态造型

图1-30 詹姆斯·贾维斯（James Jarvis）的平台玩偶作品

（2）动态造型

动态造型是指关节部位或身体某几个部分可动的立体造型，此类造型结构在定格动画偶型及动漫玩偶中的应用较为常见（如图1-29和图1-30）。

图1-29 关节可动的偶型

课后练习

收集你所喜爱的动画角色的图片资料，并对其进行分析，包括其外形特点、性格特点、动画片的故事情节及该角色在动画片里面的经典镜头等，以幻灯片的形式进行展示。

CHAPTER 2

动画雕塑的制作材料与制作工具

动画雕塑作品需要通过实际操作来完成，需要综合运用雕塑、手工制作等手段，当然也需要运用到各种制作工具和材料。本章将着重介绍制作动画雕塑作品所使用的材料及工具，从而帮助读者更好地进行创作。

本章重点：动画雕塑的常用制作材料
动画雕塑的常用制作工具

2.1 动画雕塑的常用制作材料

动画雕塑所使用的材料在前面的章节中已经简单介绍过，常用的制作材料除了粘土类材料，还有布纤维、木材、泡沫、纸材、金属等材料。其实，在动画雕塑的创作过程中，凡是可以运用的材料都可以大胆地拿来尝试。

2.1.1 粘土类材料

粘土是动画雕塑中最常用的材料，因其材质的可塑性及粘连性强，也是雕塑的常用材料。粘土材料有很多种，包括雕塑泥、陶泥、橡皮泥、软陶、树脂粘土等。按照其成分，可分为天然粘土和化工粘土两大类。

（1）天然粘土

天然粘土多为取自各地方的本土泥料，由于每个地方的土质不同，产出的粘土泥性也不同。如中国无锡惠山泥塑采用的惠山磁泥是产于当地的泥料，土质细腻、可塑性强，是天然粘土中的上乘材料。而中国北方地区的泥土土质干燥，但是地下两米深的黄土粘性较好、较湿润，如山东高密聂家庄的泥塑采用的泥料就是此类泥土。

由天然泥料加工而成的粘土对于塑造风格独特、具有民间意味的粘土玩偶而言，非常适合，也可以制作体量较大的作品。但是和化工材质的粘土相比，因为其材料的稳定性欠佳，不适合大批量生产，一般用于制作美化家居的装饰工艺品或雕塑艺术品（如图2-1和图2-2）。

在美术院校用于制作陶艺的陶泥和用于雕塑课程练习的雕塑泥都是以天然粘土为主要成分的泥材，这些泥材也可以作为动画雕塑的制作材料（如图2-3和图2-4）。

（2）化工粘土

化工粘土的配方成分以人工合成的化学材料为主，比如树脂。这种材料能够适应各种环境的温度、湿度变化。

化工粘土是通过化学原料加工生产出来的粘土，可以说是工业生产的副产品。下面介绍一些常用于动画雕塑的化工粘土。

1）聚合性粘土

聚合性粘土俗称“软陶”，是由聚氯乙烯、稳定剂和色素等化工原料合成的粘土。聚合性粘土有很多类型，它们共同的加工方式是加热冷却成型。聚合性粘土近十年来在中国已经成为一种流行的DIY材料，它在常温下柔软如泥，具备良好的可塑性与延展性。正是因为这一优点，软陶比其他材料更易得到推广与普及。

现在聚合性粘土的很多新产品也得到了开发与推广，如液态软陶（图2-5）。这是一种用来填充软陶空间、涂抹软陶表面的涂料。也可以作为翻模的填充材料及制造透明效果（如图2-6）。另外还有可以用于精刻的、来自美国的聚合性粘土（Super Sculpey），也称超级低温粘土，俗称“美国土”。美国土作为弹性模具泥，其质感较为坚硬，适于雕刻，既可以用于制作原模，又可以用于制作模具。

聚合性粘土需要用 烤箱进行烘烤来完成加工。烘烤温度通常在130℃至200℃之间，具体温度要视所用粘土的类型、作品的体积重量和材质的厚薄而定。作品烘烤不充分，可能会出现不牢固、易损坏、易断裂的情况；烘烤过了有时又会出现起泡、烤焦、烤裂的情况。不同配方、不同质量的聚合性粘土在加工时的烘烤温度不同，且同一种聚合性粘土在不同温度下加工成型后的外观质感和光泽度也会有明显的区别。

2）树脂粘土、纸粘土和超轻粘土

树脂粘土、纸粘土及超轻粘土在化学配方上都不同于其他类型的粘土，这些粘土无需加热就可以风干成型。但是风干成型后在质感上有很大差别。树脂粘土干透后坚硬而有弹性，更接近塑胶的质感；纸粘土干透后像石膏质感，比较坚硬但是很容易碎裂（如图2-7）；而超轻粘土质地十分柔软，干透后的质感像海绵，非常适合儿童玩具的制作。

图2-1 陶泥雕塑1

图2-2 陶泥雕塑2

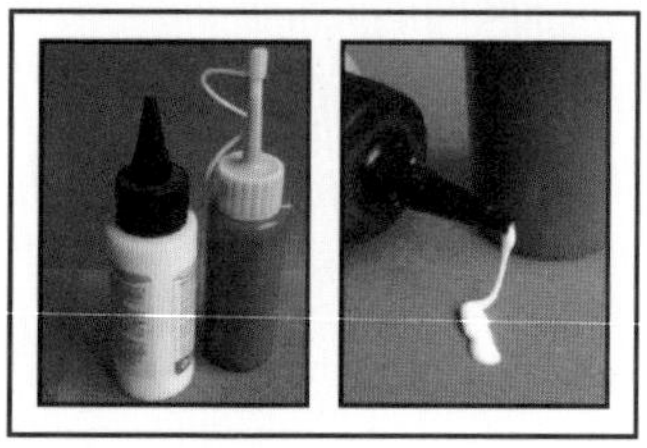

图2-5 液态软陶

图2-6 作为翻模的填充材料的液态软陶2

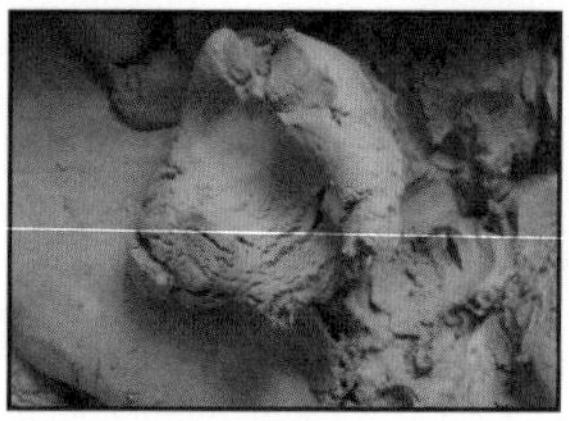

图2-3 陶泥

图2-4 雕塑泥

3）油粘土

油粘土是一种便于细致塑造和雕刻但无法成型保存的粘土材质，属于塑型的过渡材料，可以用于雕塑玩偶的原模，也可以用于玩偶造型的塑造，还可用于粘土动画片的逐格拍摄。由于材料无法成型，用油粘土捏塑的造型可随时变化修改。

油粘土分为精雕油泥（如图2-8）和普通油泥。精雕油泥质地坚硬，制作时需要用酒精喷灯或吹风机进行加热才可以用于塑造、雕刻。普通油泥十分柔软，易于捏塑，也可以用于定格动画的拍摄，但是因为其过于柔软并不适合制作原模。油粘土还可以用于制作定格动画的场景、道具。油粘土受热会变软，在拍摄定格动画时，由于需要在室内环境下人工设置光源，因此拍摄环境的温度会比较高，因此对于用油粘土制作的场景与道具可能会产生影响，这些都是场景道具设计人员需要考虑到的。

每种粘土的材质特点都有所区别，应该充分了解它们的特性并加以利用。这些材料不仅可以满足大众的DIY需求，也为独立设计师及艺术创作者提供了更多的材质选择。

2.1.2 布纤维材料

布纤维是包括布料、毛绒、毛线、棉线、麻绳等在内的纤维材料。此类材料质地柔软，给人以温暖的心理感受。塑形时可以将布纤维材料作为填充材料，如棉绒、空心棉等；也可以用超轻粘土塑形后再用布料进行包裹。

布纤维材料有时可以用于制作人物角色造型或定格动画偶型的头发，会有相当出彩的效果，另外也可用于制作人物角色的服装（如图2-9和图2-10）。

2.1.3 纸质材料

纸质材料具备一定的长度与宽度，其厚度或者说深度不够明显，可以进行适当的加工成为立体形态，有时也可以用于制作动画场景，可以简称为纸材。偶动画中也可以使用平面剪纸形式表现人物与场景，其中动画角色用纸偶完成。20世纪诞生在中国的剪纸动画片《猪八戒吃西瓜》《渔童》中的角色即是用纸偶完成的（如图2-11和图2-12）。

图2-7 纸粘土玩偶作品/伍冬梅

图2-8 精雕油泥

图2-9 用各种布纤维材料制作的布偶1

图2-10 用各种布纤维材料制作的布偶2

图2-11 剪纸动画《猪八戒吃西瓜》中的镜头

图2-12 剪纸动画《渔童》中的镜头

2.1.4 金属材料

金属材料包括铁皮、铝皮，各种金属丝、金属零件等，此类材料具有金属特有的光泽，较易于塑形。铁皮、铝皮等材料更接近于面材，需要经过弯曲、切割、组合才可以塑造出立体造型（如图2–13）。金属丝是线材（如图2–14），需要经过焊接等方式才可以成为立体造型。

金属材料可以用于定格动画中角色人物偶型的制作。此外，金属丝也是制作骨架的常用材料（如图2–15），在后面章节将会介绍。

2.1.5 木质材料

木质材料包括由各种木材加工而成的木条、木块、木片等，可以用于制作动画角色的偶型或场景。木质材料质感坚硬，有天然的纹理（如图2–16），着色后具有更为丰富的色彩（如图2–17）。

2.1.6 其他材料

除了上述材料，还有很多可用的材料，如泡沫块、石头、沙子等。凡是可以用于制作动画片角色造型及场景的材料都可以进行尝试。图2–18和图2–19就是用不同类型的粘土结合不同类型的布纤维材料制作的人物造型。

图2-13 金属发条铁皮小鸡玩具

图2-15 金属发条骑车人玩具

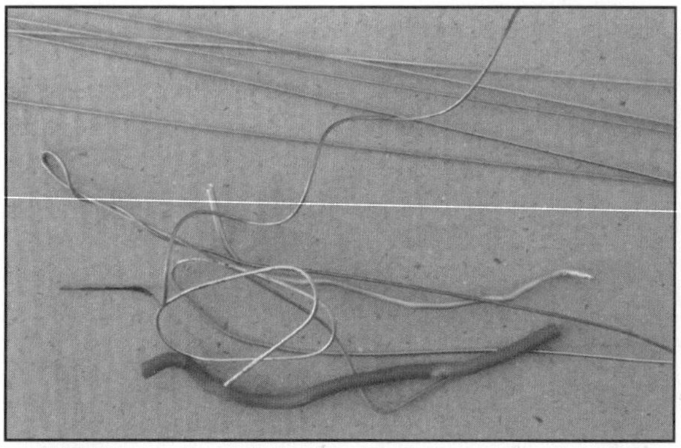

图2-14 金属丝

图2-16 木质材料制作的玩偶

图2-17 上了色的木质玩具

图2-18 用毛线和软陶制作的玩偶作品

图2-19 用布纤维与树脂粘土制作的玩偶作品

2.2 动画雕塑的辅助制作材料

动画雕塑在制作时除了需要一些常用的材料外，还需要其他很多辅助材料，用于制作道具、场景，如板材、金属丝、铜管、纸张等。

2.2.1 板材

板材包括不同厚度的木板、PVC板、KT板、泡沫板、有机玻璃板等材料（如图2-20和图2-21）。

板材是搭建场景不可缺少的材料，常用于搭建定格动画片中的场景、景观和建筑。利用粘接、插接的方式，可以将经过裁切的板材进行组合，搭建成不同的立体造型，而这些立体造型正是组成定格动画拍摄场景的重要部分。

2.2.2 金属丝和铜管

金属丝包括铁丝、铝丝、铜丝等，而铜管则是一种金属部件（如图2-22），这类材料在五金商店可以购买到。金属丝可以用于制作角色造型的骨架与局部，而铜管主要用于偶型骨架的连接和固定（如图2-23）。

在制作定格动画偶型时有许多部分是不能动的，需要用有一定重量的材料进行填充固定，铜管就是很好的选择。有时也可以用软陶来代替铜管。

2.2.3 锡箔纸、软纸张、泡沫块、海绵和玻璃瓶

锡箔纸是一种耐高温的特殊金属纸，一般是用来包裹物体进行高温烤制。对于需要加温的聚合性粘土而言，它是非常理想的填充及包裹材料。

软纸张经过揉压成团、挤压、搓成条后可以用作动画雕塑制作时的填充物。

泡沫块或海绵可以用作动画雕塑的内部支撑物和填充物（如图2-24），有时也用于制作场景中的物体。

玻璃瓶可以作为一些角色造型的支撑骨架（如图2-25）。

2.2.4 多种粘接用材料

双面胶、泡沫胶、热熔胶、白乳胶、胶水和万能粘土等都可用于动画雕塑的粘接。不同材料的粘接和固定需要采用不同的胶。

双面胶有两种，一种是普通的双面胶，用于纸材的固定、粘接；另一种是泡沫胶，类似于双面胶，只是较厚，用于粘接KT板之类较轻的板材（如图2-26）。

速干白乳胶适合粘接超轻粘土（如图2-27）。

热熔胶用来粘接布纤维材料较为合适，需要用专门的胶枪打出来才可以使用（如图2-28）。

图2-20 木板

图2-21 PVC板

图2-22 铜管

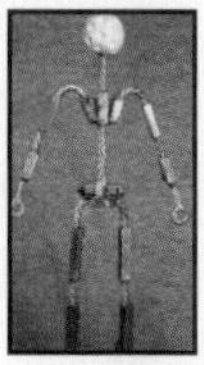
图2-23 铜管骨架

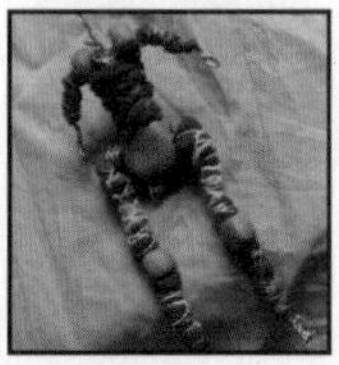
图2-24 在骨架外面包裹海绵

图2-25 用小玻璃瓶作为支撑骨架的人物造型

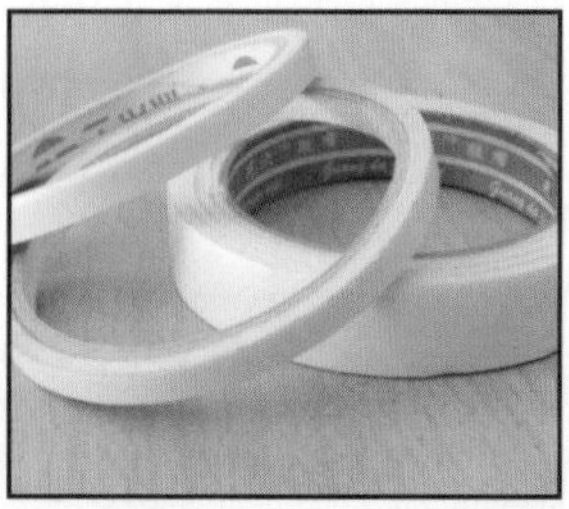
图2-26 双面胶

图2-27 速干白乳胶

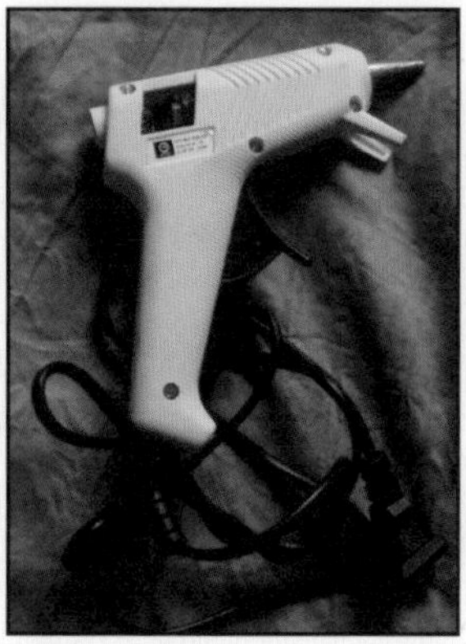
图2-28 热熔胶枪

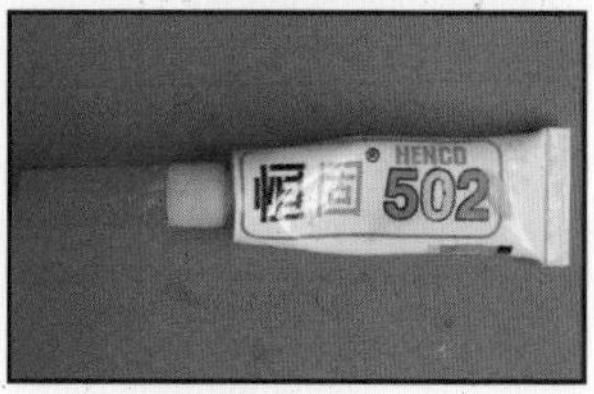

图2-29 AB胶和502胶

其他各种类型的胶水，如502胶、瞬间粘合剂、AB胶等可以用来粘接和修补玩偶（如图2-29）。

万能粘土是一种用于固定和粘接局部的粘土，其粘性不强，只能用于定格动画偶型的固定或五官替换时的临时粘接（如图2-30）。

2.2.5 硅胶和石膏粉

硅胶是一种性质稳定的高活性吸附材料，主要用于工业生产。在我们的生活中有很多硅胶制品，如玩具、手套、印章和用于美容手术的填充材料。

硅胶在动画雕塑制作中适于制作软模，也可以用于倒模。硅胶在常温下是半液态半固态的，如果需要成型应该按比例添加固化剂（如图2-31），其具体使用方法见第三章中的模塑法介绍。

石膏粉主要用于外模的制作，也可以作为雕塑翻模的材料。不过石膏模型坚硬度不够，不易于保存，容易破损。

2.2.6 速成钢

速成钢本来是一种金属物品的填补剂，但是在动画雕塑中可以用于定格动画中角色偶型脚部的固定及偶型关键部位的填充。此类材料在固化前呈胶体状（如图2-32），比较柔软。速成钢使用起来很方便，将买来的两种不同颜色的胶体材料进行糅合并填充到需要的地方即可（如图2-33），比如偶型的脚部；也可以将其作为包裹材料包裹在身体骨架上（如图2-34）。固化时，3到5分钟后开始发热固化，再经过20分钟就可以完全固化。

2.3 动画雕塑的制作工具

在了解了动画雕塑的制作材料后，我们应该进一步了解其制作工具。动画雕塑的制作大量借鉴和运用了雕塑手法，因此手是我们首先要使用的一个“工具”。手掌的搓揉、捏塑、按压是形成动画雕塑基础造型的重要手段，而在此基础之上适当地使用各种工具可以帮助我们更好地完成作品。

2.3.1 雕塑刀

动画雕塑在制作过程中需要根据不同特性的粘土准备不同类型的雕塑刀。国产软陶（聚合性粘土）是用国内厂家自20世纪90年代中后期开发并自行研究的配方生产的软陶土，经过近些年的发展，很多国产软陶的质量得到了提升，可以满足制作的需要。国外因为发现软陶配方和普及软陶的时间很长，其配方更加完善与成熟，类型更加丰富与多样化，性能也更加稳定。但是无论是国产软陶泥还是进口软陶泥，其制作都需要用小型的金属雕塑刀或者是有机玻璃雕塑刀进行制作。对于纸粘土、树脂粘土这样更加柔软的粘土材料而言，使用木制、塑料、竹制的雕塑刀更为合适。

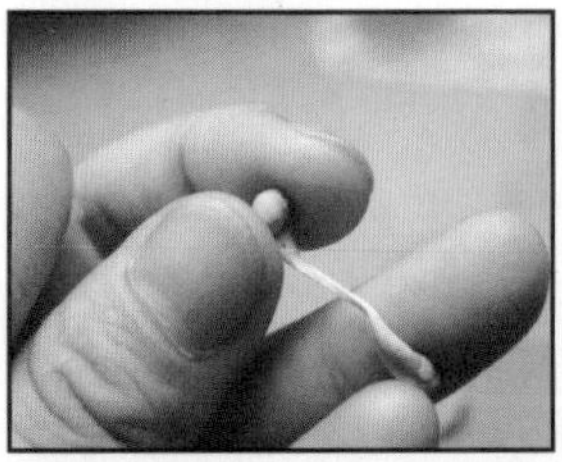

图2-30 万能粘土

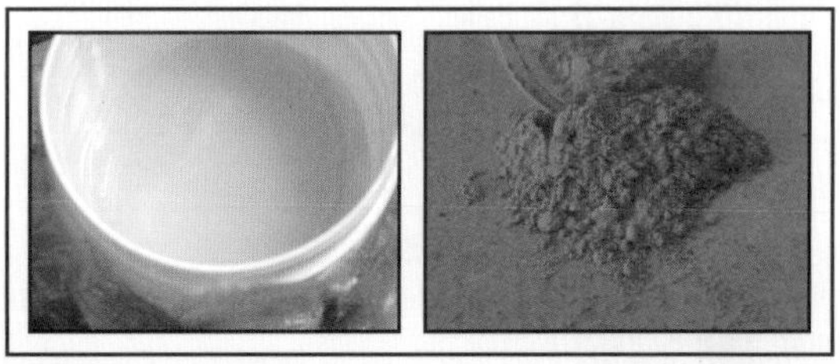

图2-31 添加固化剂使硅胶成型

图2-32 包装好的速成钢

图2-33 速成钢有两种颜色的材料

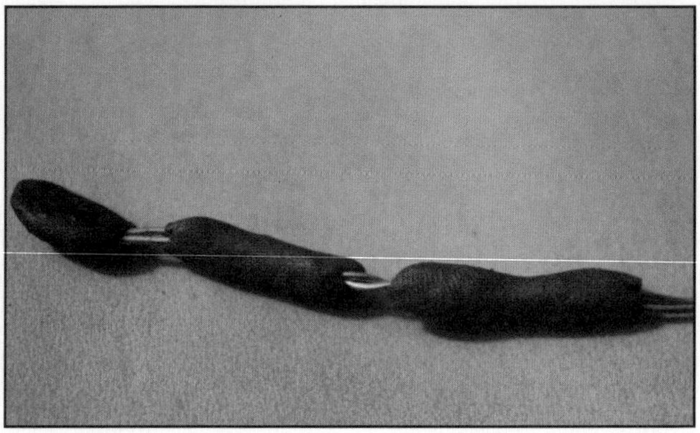

图2-34 将速成钢包裹在骨架的外面

雕塑刀的形状多种多样（如图2-35），根据造型的需要，可以自己制作。图2-36就是用木头枝条直接手工打磨制作的雕塑刀。

雕塑刀是帮助我们塑造造型的重要工具，但是值得注意的是，不是所有的造型都能依靠雕塑刀来完成。在基本造型及某些特殊造型的塑造上需要使用双手来完成，在许多细节部分则离不开雕塑刀的帮助，因此两者应该互相结合，灵活使用。

2.3.2 丙烯、油画、水粉颜料、毛笔和笔刷

绘画材料主要用于动画雕塑的着色。玩偶在风干或烤制成型后可以利用毛笔和毛刷使用丙烯或水粉着色（如图2-37）。而树脂粘土本身是无色透明的，可以风干后着色，也可以将油画颜料调入到粘土中糅合成彩色粘土再来塑造形体。

2.3.3 喷枪

喷枪主要用于动画雕塑的着色，需要配合气泵一起使用，而气泵决定了喷枪的压力（如图2-38）。喷枪一般用于手办模型、粘土玩偶的着色，可以达到上色细腻、均匀、光滑的效果。

2.3.4 小型电钻和切割机

小型电钻多用于板材的钻眼，配合不同的配件还可以进行雕塑作品的打磨。市场上可以购买到各种类型的小型电钻（如图2-39），小型电钻的雕刻功能在制作场景道具时可以加以利用，其使用方便，类似雕刻笔，可以在板材上雕刻出漂亮的花纹（如图2-40）。当然，如果板材较厚，就应该选择功率及型号更大的电钻。虽然电钻套装里面会配有类似砂轮的配件，但是此配件主要用于打磨，无法进行切割。

切割机则用于板材的切割。如果要进行专门的板材切割，应该单独购买含有专门配件的电动切割机（如图2-41）。

2.3.5 烤箱

烤箱是用来对制作完成的粘土玩偶进行加工的常用设备，主要适用于聚合性粘土，包括软陶、美国土等材料。烤箱分家用烤箱与工业烤箱。常用的家用烤箱就可以对普通的软陶这样的聚合性粘土进行充分的加工。当然最好选用可以调节温度的烤箱，360°旋风式烤箱会使粘土受热更加均匀（如图2-42）。另外，还有专门用于烘烤人物造型的圆筒型烤箱（如图2-43）。

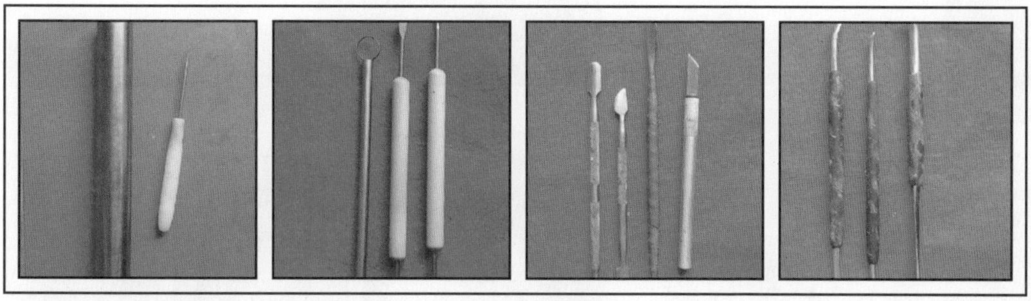

图2-35 各种造型的金属雕塑刀及刻刀、锥子、金属擀棒

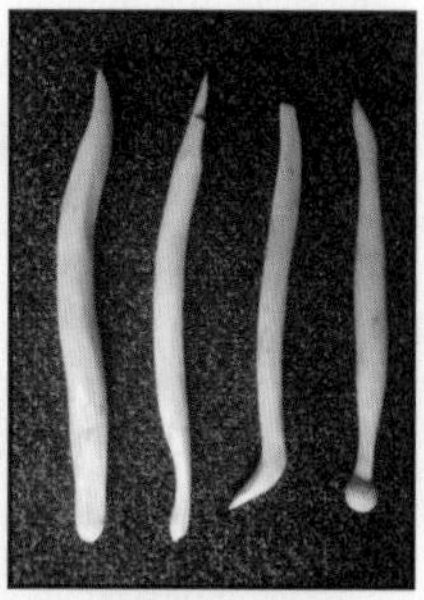

图2-36 自制的木雕塑刀

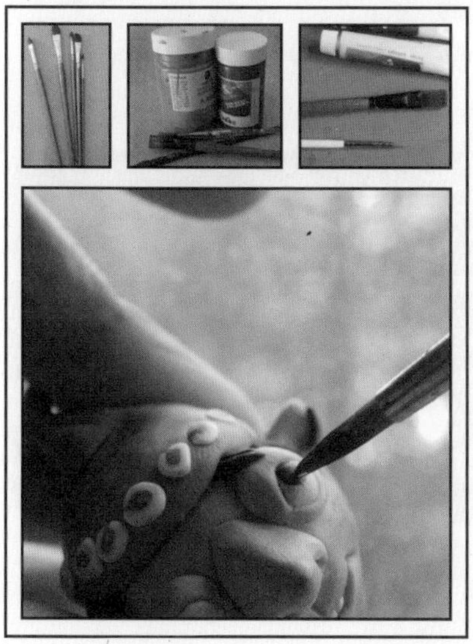

图2-37 排笔、笔刷、毛笔、丙烯、水粉颜料和勾线笔

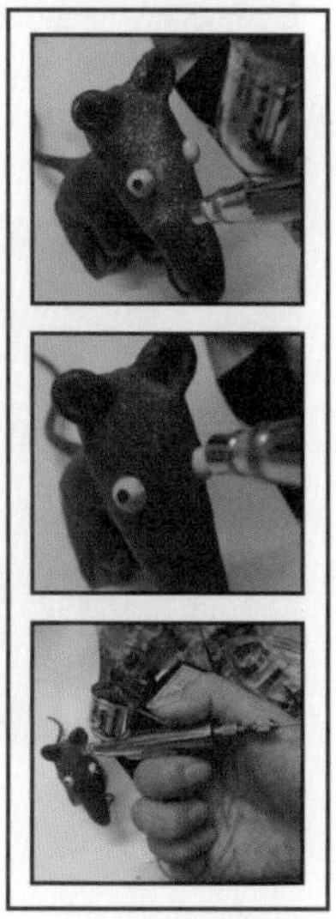

图2-38 使用喷枪上色

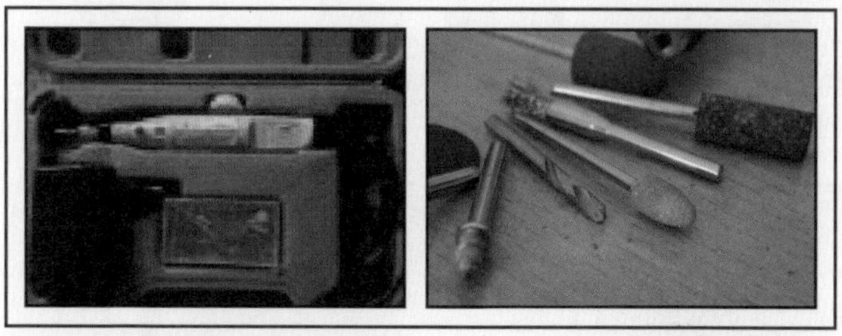

图2-39 小型电钻及相关的各种配件

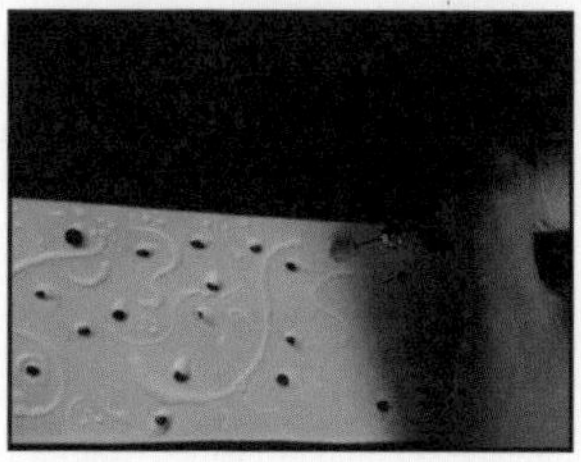

图2-40 使用小型电钻在板材上面雕刻花纹

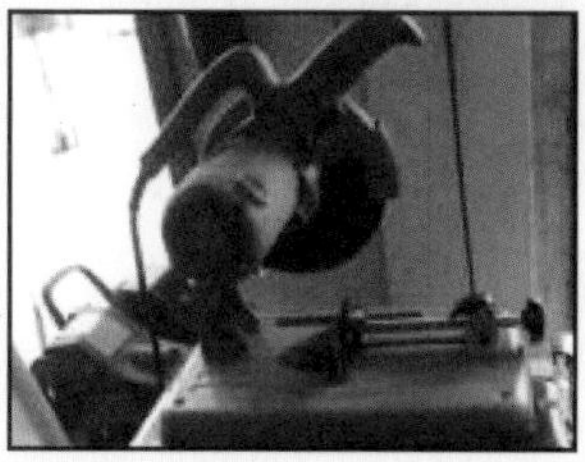

图2-41 专门用于切割的电动切割机

2.3.6 砂纸和上光油

砂纸是在粘土玩偶制作加工成型后对其表面进行打磨处理时的辅助材料。如用树脂粘土制作的玩偶在完全风干后、着色前可以用砂纸进行打磨，使其表面更加光滑。打磨时可以用不同型号的砂纸从粗到细逐一打磨，效果会比较理想（如图2-44）。

在着色后，给模型均匀地刷上上光油，可以提高动画雕塑作品的光泽度，并对其表面起到保护作用（如图2-45）。

2.3.7 酒精喷灯和吹风机

酒精喷灯用于给油粘土加热，硬油粘土需要加热变软后方可塑形，使用酒精喷灯可以使其均匀受热（如图2-46）。吹风机同样也可以起到加热作用（如图2-47）。

2.3.8 转盘、支架和木板

转盘是在制作动画雕塑的过程中用于固定雕塑作品，方便作者从多个角度观察作品并进行修改和塑造等工作的工具（如图2-48）。

支架是用于支撑、固定作品的，可以用螺丝钉固定在木板上面以方便制作作品（如图2-49和图2-50）。

图2-51是下面装有可旋转的金属圈的木板，木板用万能粘土固定在金属圈上，可以更换，使用很方便。因为动画雕塑作品体量不大，一般都是小型雕塑，所以这样大小的工作平台非常适合。

其他还有剪刀、钳子、镊子等辅助工具（如图2-52和图2-53）。

图2-42 旋风式烤箱

图2-43 圆筒形烤箱

图2-44 各种型号的砂纸

图2-45 上光油

图2-46 酒精喷灯

图2-47 吹风机

图2-48 转盘

图2-49 支架

图2-50 木板

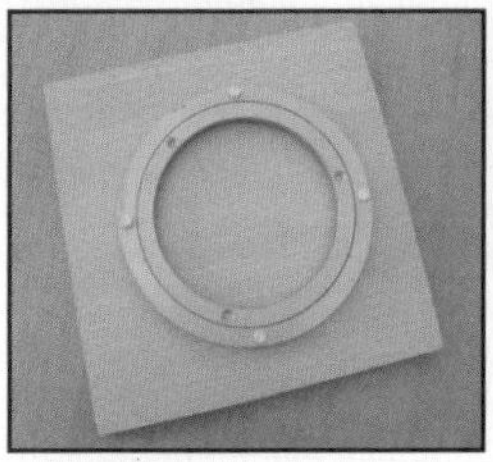
图2-51 木板下面可旋转的金属圈

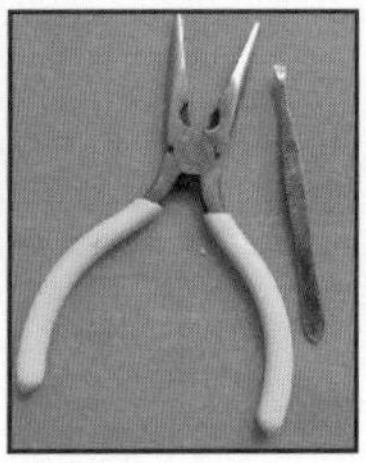
图2-52 钳子与镊子

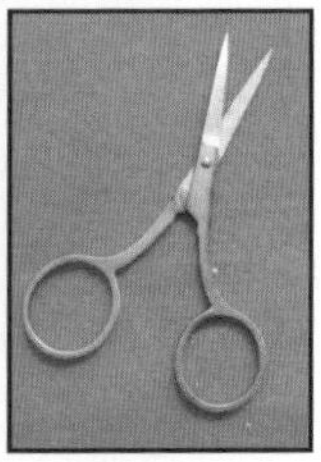
图2-53 剪刀

课后练习

购买和收集各种可以制作动画雕塑的材料 、工具，也可以尝试自己动手制作雕塑刀。

通过简单的捏塑或擀、揉等操作，熟悉自己购买或收集的粘土材料。

CHAPTER 3

动画雕塑设计创意的形成与表现

动画雕塑主要是根据动画片角色的设定、故事情节的发展来进行创作的，设计师对角色的性格特征、所处时代、文化背景等因素的定位将决定雕塑作品的外形。而对这些因素本身的了解及认识正是设计师个人素养的一个综合反映，因此虽然动画雕塑的创作依据源于动画片的角色设定及内容，但是作品完成的效果还是取决于设计师。本章从形成创意的途径进行分析，介绍可供利用的部分创作资源，同时详细介绍动画雕塑创意的形成与表现方式。

本章重点：动画雕塑设计创意的形成
动画雕塑设计创意的表现

3.1 动画雕塑设计创意的形成

创意是所有设计作品的核心，好的构思和想法是动画雕塑作品的根本。对于设计师而言，在具备相同操作能力的情况下惟一可以考验的就是个人的创意，因此好的创意是一个好作品的开始，也是一个好作品的灵魂。下面来具体介绍动画雕塑创意形成的基础。

动画雕塑的创作依据源于动画片本身，包括动画片的故事情节、角色、脚本的设定等等。很多动画片的角色造型几乎是和动画创意本身一起产生的。一个好的动画雕塑作品的前提当然就是一个好的动画角色造型的创意，那么，作为设计师应该从哪些方面寻求创意呢？

应该说，动画是当下视觉文化的一个重要领域，而无论是何种视觉艺术门类，在视觉上的审美规律是相通的。人类自有基本的审美需要以来，就一直在寻求艺术作品的视觉独特性，随之产生了各种视觉艺术与视觉文化。原始社会的图腾、当代各种类型的视觉元素等都是我们创意的源泉（如图3-1和图3-2）。创意要素应该来源于设计师对视觉艺术的认知及其对各种类型的视觉文化的了解。

3.1.1 从熟悉的现代视觉艺术与视觉文化中寻找灵感

现代视觉艺术和视觉文化具有丰富的艺术表现特征。从我们日常熟悉的漫画、插画、街头涂鸦、游戏、流行服饰等现代视觉文化中，不难汲取到动画雕塑设计的创意灵感。

（1）从漫画、插画中吸取创意要素

动画与漫画、插画向来关系密切，很多动画片都改编自漫画或连环画。许多动画偶型也是根据插画师的作品设计制作出来的。图3-3中的右图就是根据左图的插画创作的动画雕塑作品。

很多日本动画片都是根据漫画改编而来的，如《灌篮高手》（图3-4）《铁臂阿童木》（图3-5）《火影忍者》《名侦探柯南》（图3-6）等等。

漫画及连环画的受众以年轻人为主，而他们是推动流行文化发展的主力军。从动漫插画中可以看到时下的文化背景、多元的流行文化元素，漫画中的人物形象正是当代年轻人的缩影，反映了其所处年代的文化特征，因此由此创作出来的动画雕塑作品在外形设

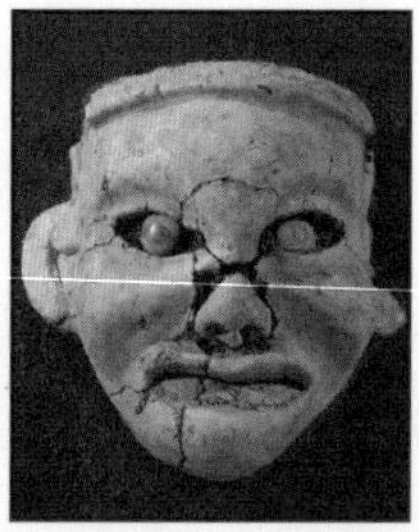

图3-1 中国红山文化的陶俑面具

图3-3 根据插画改编的动画雕塑作品

图3-4《灌篮高手》

图3-5《铁臂阿童木》

图3-2 中国武汉街头的涂鸦

图3-6《名侦探柯南》

计上就具备了良好的、成熟的受众心理认知基础。

（2）从街头涂鸦中吸取创意要素

街头涂鸦是存在于城市的一种特殊的视觉文化，从最早的黑人占地盘式的涂鸦到今天甚至遍布整个中国城市的张显个性的涂鸦，都体现了年轻一代的思想与生存状态，其衍生出来的涂鸦字体及图形符号被大量应用于玩偶的形态要素设计中。在美国著名的街头涂鸦艺术家基思·哈林（Keith Haring）的涂鸦中出现的类似于儿童简笔画的人物形象被制作成艺术玩偶，它们和哈林的涂鸦一样，受到人们的喜爱与欢迎（如图3-7）。

（3）从游戏人物中吸取创意要素

打电玩、玩网络游戏是当代很多人喜爱的休闲娱乐方式，很多游戏人物受到人们的喜爱。游戏中的热门人物、英雄形象渐渐成为了大众流行文化的一个符号（如图3-8），而根据游戏人物制作的玩偶也深受欢迎（如图3-9和图3-10）。

（4）从流行服饰中吸取创意要素

很多动画角色造型出彩的地方体现在服饰设计上，而服饰正是反映角色所处时代大众审美标准的重要窗口。富有时代特色的流行服饰、发型等都可以成为角色造型创意设计的亮点。图3-11中人物身着20世纪80年代流行的中山装与纺织厂女工服装，表达出作者对那个时代的记忆与怀念。

3.1.2 从传统的视觉艺术与视觉文化中寻找灵感

传统与现代是一个相对的概念，今天的流行元素也许会成为明天的传统元素。站在本土角度，从自身的文化根源考虑，我们会发现我们也许更擅长理解、开发和利用中国本土的视觉资源，这也正有利于创意要素的挖掘。

中国传统视觉艺术以中国画为代表，从大众层面来看，各种民间艺术、手工艺也都属于传统视觉艺术、视觉文化的范畴，包括民间泥塑、面塑、剪纸、年画、皮影和传统戏曲等。

（1）从中国传统绘画中吸取创意要素

中国画在形式上可分为写实与写意、泼墨与工笔，但是大部分中国画所透露出的中国文人气息及传达出的儒道释文化信息几乎是共通的。工笔重彩、墨色、留白、水墨语言等等，都是我们可以利用的创意要素。在将这些形式运用于动画角色设计的过程中，要取其“形”更要取其“意”，即通过外在的形式体现中国传统文化的精神本质，灵活地处理各种形式元素，而不只是生搬硬套。图3-12中的超轻粘土玩偶作品在白色素体上面类似中国写意泼墨的图示非常有特点。

图3-7 基思·哈林的作品

图3-8 深受人们喜爱的游戏人物“超级玛丽”

图3-9 《植物大战僵尸》游戏启动画面

图3-10《植物大战僵尸》动画雕塑作品/刘远

图3-11《瞌睡娃娃》/杜靓

图3-12 超轻粘土玩偶

（2）从中国民间艺术中吸取创意要素

中国民间艺术包括民间泥塑、面塑、剪纸、年画、皮影、地方戏曲等，门类繁多，是非常值得我们了解的宝贵资源。对其潜心研究、巧妙运用，会为我们创造富有特色的动画角色作品提供丰富的设计灵感与思路（如图3-13和图3-14）。

民间泥塑与动画雕塑所使用的粘土材料在造型方法、制作程序等方面相似，是我们现在制作动画偶型的重要参照，其形、色、意在我们进行创意设计时都可以大量借鉴。图3-15就是用粘土制作的中国戏曲人物高登。

面塑又叫“面花”，有的地方叫“花馍”。面塑“作为仪礼、岁时等民俗节日中馈赠、祭祀、喜庆、装饰的信物或标志，是一种中国民间节日风俗中逐渐形成的极具代表性的地方文化”。和民间泥塑一样，面塑是一门传统的造型艺术，不同之处是它和食品有关联，因为其制作材料就是面粉。因为材料不易保存，很多现代面塑在制作材料中加入了防腐剂等新型材料进行改良。目前，国内不少面塑爱好者已经开始尝试运用现代人造粘土材料进行面塑题材的创作。中国各个地区的民间面塑有着鲜明的地方特色（如图3-16和图3-17），其捏塑技巧、造型方法对于动画雕塑的创作是值得借鉴的。图3-18就是面塑大师用软陶制作的中国戏曲人物形象作品《贵妃醉酒》。

中国民间剪纸是中国传统民间工艺的瑰宝。根据地域分为南、北、中三种类型。北方剪纸风格简练、粗犷并较为写意，南方剪纸细腻、具象且较写实，而中部地区的剪纸则博采众长，“具象中透露着意象”。剪纸艺术可以被动画雕塑利用的元素包括剪纸中对物体形态的处理方式，剪纸中的各种图案、纹样以及剪纸的色彩处理等（如图3-19和图3-20）。第二章2.2.3中提到的中国20世纪中期的剪纸动画片《猪八戒吃西瓜》《渔童》等就是利用中国民间剪纸的形式来表现人物造型的。

中国民间年画历史悠久，从宋代到清代全国各省都有作坊出品，天津杨柳青、苏州桃花坞、山东潍坊等地的年画技艺水平高超，闻名遐迩。年画其实是集绘画、刻工、印刷于一体的艺术，其产生与发展和人们的日常生活息息相关，因此深受大众喜爱（如图3-21）。

图3-13 中国无锡民间泥偶作品《八仙过海》

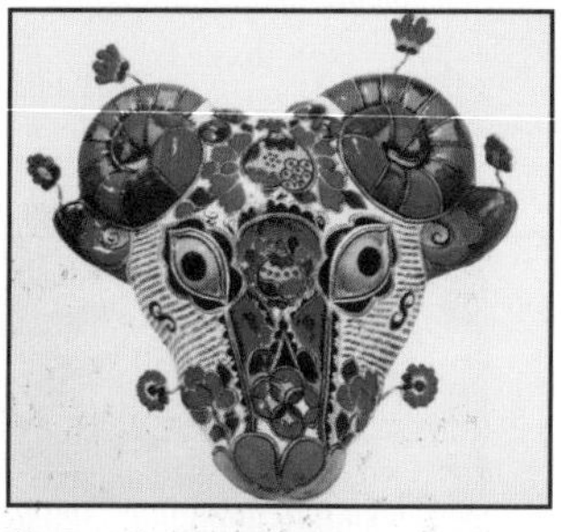
图3-14 凤翔泥塑

图3-15 戏曲人物高登

图3-16 民间面塑艺人

图3-17 西游记面塑人物

图3-18 用面塑技法制作的动画雕塑《贵妃醉酒》/康丽

图3-19 湖北孝感雕花剪纸

图3-21 中国湖北地区民间年画门神

图3-20 利用湖北孝感雕花剪纸元素制作的树脂粘土玩偶

皮影戏是中国特有的民间艺术形式，与中国地方戏曲的形象、音乐、唱腔等相互影响，在不同的地方有着不同的称呼，如湖北皮影称为“荆州影”。皮影通常用牛皮、驴皮来刻制，也可以用纸板制作，雕刻手法和剪纸的雕刻手法相通。皮影敷色用红、绿、青三色较多，同时配合动物皮质的底色形成独特的色彩效果（如图3-22）。

中国地方戏曲艺术更是中国的传统艺术珍宝，在中国有将近上百种的地方戏曲，如秦腔、黄梅戏、昆曲、河南梆子、京剧、越剧等，每种唱腔和扮相都有差别。对于动画雕塑创作者而言，需要更多地关注戏曲艺术中的人物形象处理、服饰、色彩和舞台美工设计等，这些对于动画角色的造型设计将会有很大的帮助。图3-23和图3-24是用软陶制作的中国戏曲人物玩偶作品。

其实传统文化、传统艺术远不只有这些，需要了解与挖掘的资源还有很多，这里只是介绍几种较具代表性的传统艺术形式，希望能抛砖引玉，启发大家更多地挖掘传统文化中各种可用的艺术元素并将之运用到动画雕塑的角色造型设计中去。

3.2 动画雕塑创意的表现原则

创意的表现原则是在进行创作的过程中需要遵循的形式法则，这些形式法则在各种造型艺术里面都会有所涉及，但是动画雕塑涉及到立体造型，因此在具体的创作过程中需要考虑到空间的变化与延伸。

3.2.1 对称与均衡

对称与均衡是所有视觉艺术的形式法则，对称是指形态的对称中心的周边各部分在大小、形式和排列上具有一一对应的关系，对称具有绝对的平衡。均衡则是不对称的平衡，是以支点为重心保证形态各异却量感相同，其平衡效果的关键在于心理量感的平衡。

在动画雕塑的创作中，对称与均衡是我们所依据的根本法则。在动画雕塑的创作过程中，造型通常情况下是三维形态，需要从多个角度考虑均衡效果，比如从正面、侧面、背面几个角度所呈现的形态都应该给人以心理上的平衡感，这样才可达到形式上的饱满。我们可以通过形态的塑造，改变形体的大小、形体的位置、形体表面的图案装饰及色彩的对比等方式获得这种平衡效果。

3.2.2 装饰性与象征性

装饰性是指人们将形象和色彩理想化、秩序化，从而实现装饰意味的美感。图案、纹样的形式美是形成装饰性的主要因素。

象征性是指图形所透露出的文化寓意，这对于动画雕塑作品情感、文化信息的传达而言是十分重要的。

动画雕塑作品应该富有一定的装饰性与象征性，二者可以有机地结合起来，而如何结合并表现，则在于设计师的构思。

对称与均衡、装饰性与象征性是我们进行动画雕塑创作时需要考虑的基本原则。

图3-22 湖北竹溪皮影

图3-23 戏曲玩偶1/张莉

图3-24 戏曲玩偶2/杜靓

3.3 动画雕塑创意的表现形式

有了好的想法、可遵循的形式法则，那么如何表现动画雕塑的创意呢？其表现形式可以分为立体、平面和色彩等几种类型。

3.3.1 立体造型的表现形式

立体造型是动画雕塑的常见形式，比如动画角色的立体模型、定格动画的拍摄偶型在很多情况下都是采用立体造型。立体造型在具体的表现上有不同的处理方法。

（1）适形夸张

所谓“适形夸张”，即将玩偶的基本造型进行夸张变化，使之恰当地存在于一个相对规则的形体之中。如图3-25中黄色的卡通鸡以三角锥体为基本形体，而图3-26中的蛋壳娃娃则以蛋壳的椭球体为基本外形进行创作。适形夸张多在形体表面进行丰富变化，比如加入图案进行装饰时，其所存在的形态也会出现不规则形（如图3-27和图3-28），但角色造型始终恰当地存在于一定的形态之中。

（2）突出局部造型特征

对立体造型某一个局部的造型特征进行夸张、强调可以更加突出此形象。图3-29夸张了人物的眼睛及头部的比例，使人物特征更加突出，作品也更富个性。这其实是对原型形象进行大胆的提炼，抓住最能代表形象的特征，体现动画角色的性格特点。图3-30两个人物造型在比例上一个被拉长，一个被压短，突出两个造型在形体上的差异。

图3-25 适形夸张的卡通鸡

图3-26 《蛋壳娃娃》

图3-27 凯瑟琳·达斯廷（Kathleen Dustin）的软陶雕塑作品1

图3-28 凯瑟琳·达斯廷的软陶雕塑作品2

图3-29 头部比例夸张和眼睛鼓出的造型

图3-30 变化比例的人物造型

（3）先简后繁

立体造型的制作遵循从简入繁的原则，需要先塑造几何造型，再逐步过渡到复杂的造型。图3-31至图3-34，就是一个从简单的球体过渡到有凸凹起伏、有细节的复杂造型的过程。

（4）具象结合意象

具象表现尊重雕塑对象实际的比例结构等客观因素，而意象表现则更加主观，更加注重装饰性与象征性。

在动画雕塑作品的造型方面，具象与意象没有绝对的界限，要敢于灵活变化。图3-35中的作品是用软陶制作的小型雕塑，在造型上保留人体真实比例及结构特征的同时赋予了很多浪漫的意象元素。

3.3.2 表面的装饰形式

动画雕塑表面的装饰形式主要指外部形象上的各类图形要素，包括出现在雕塑表面的各种点、线、面和图案元素。如图3-36，该粘土作品大量运用了图案的装饰手法，包括重复的点、线、面。

（1）点的装饰形式

点是具备了形态、大小、面积、位置和方向的造型元素。面积越小，点的感觉越强烈，但是面积过小，点的视觉效果将会大大减弱。

点在动画雕塑作品表面的装饰形式可以按照其形态的不同分为以下几种。

① 几何形态的点：以三角形、圆形、正方形等几何形状为外观形态的点。

② 不规则形态的点：各种形态外观无规律的点。

③ 线化与面化的点：连续的点会形成线的感觉，距离近的两点在视觉上会有互相的引力形成；点的密集排列与叠加可以形成面的感觉，图3-37便利用了点的排列装饰。

④ 在动画雕塑中延伸的点：点在动画雕塑中的出现常常具备一定的厚度，有时甚至是半立体的状态（如图3-38），球状的点代表小猪的眼睛、鼻子、耳朵、嘴巴。

（2）线的装饰形式

线是必须具备一定长度与宽度的造型元素。当线的宽度增加时，线的感觉就会减弱，而面的感觉增强。线条作为装饰形式中最关键的造型元素，可以通过封闭的线条形成不同的平面形状，这也是对各种物体进行抽象化表现的最佳手段。

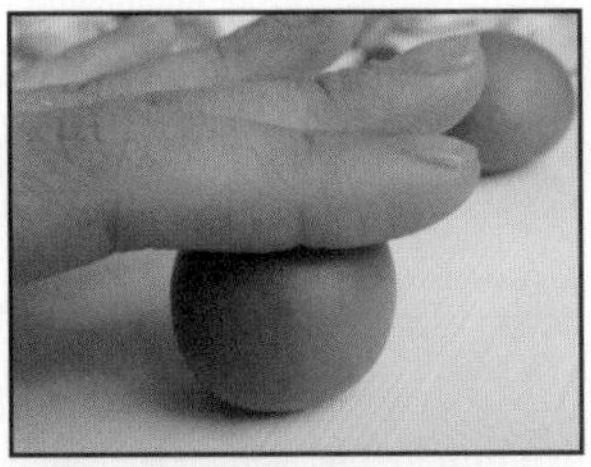
图3-31 简单的球体

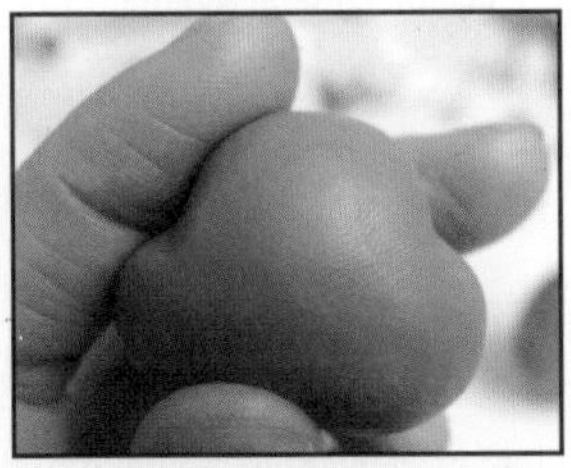
图3-32 对球体进行变化

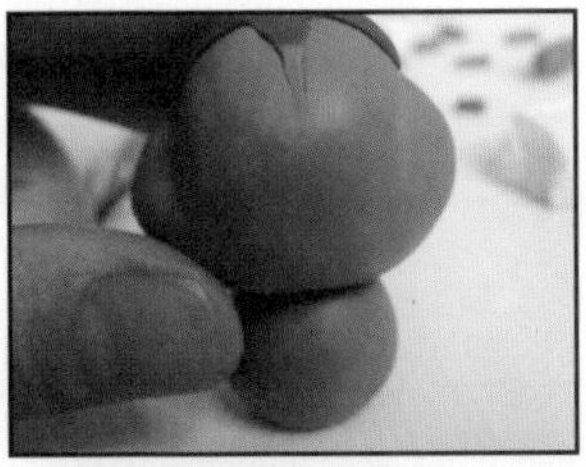
图3-33 粘接不同形体

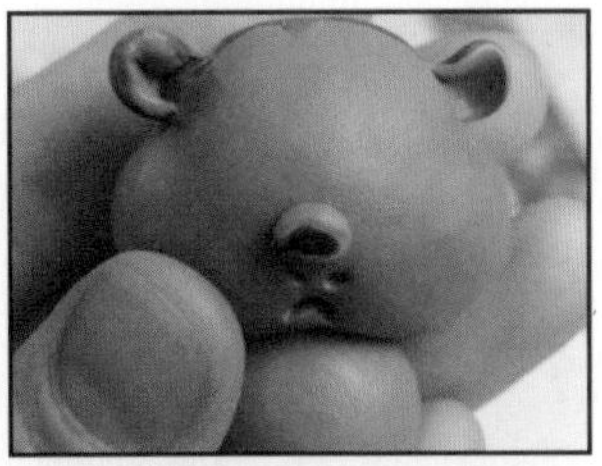
图3-34 丰富形体

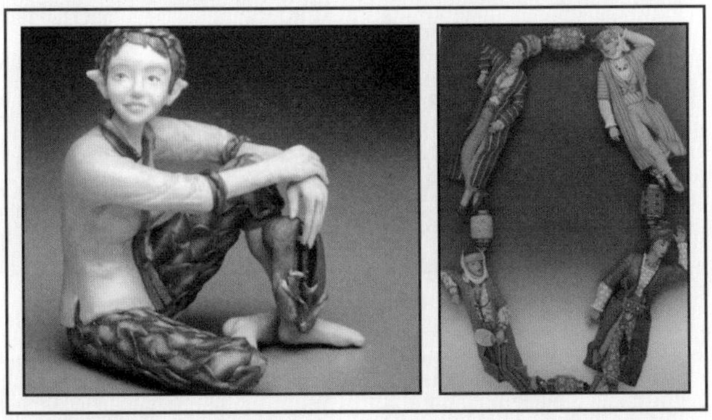
图3-35 凯瑟琳·达斯廷的软陶玩偶作品

图3-36 装饰感很强的玩偶

图3-37 利用点进行装饰的超轻粘土玩偶

图3-38 运用点元素的小猪头部造型变化

线在动画雕塑作品表面的装饰形式可以按照其形态的不同分为以下几种。

① 直线：直线是人们生活中常用的形式要素。很多标记等都是以直线的方式呈现的。水平的直线给人感觉安静，交叉的十字线给人感觉肃穆。

② 曲线：曲线和直线一样，在文字、绘画中大量存在。曲线给人感觉活跃而灵动。图3-39中的雕塑作品就运用了直线和曲线进行装饰。

③ 在动画雕塑中延伸的线：线条在动画雕塑中常常以具备一定体积的“泥条”形式出现，而不仅仅是平面的线条形式（如图3-40和图3-41。泥条作为动画雕塑中不可缺少的造型元素，是作品重要的构成部分，比如偶动画中角色的头发、服饰、五官等细节都需要泥条来造型。关于泥条的具体制作与运用方式我们在后面的实例讲解中会详细介绍。

图3-42和图3-43分别用雕刻与手绘的方式表现出不同形态的线条。图3-44中的卡通仓鼠是用不同的线条对眼部进行形态变化，从而形成具有不同造型特征的系列作品。这些线条有的是用细泥条表现的，有的是用雕刻出来的线条表现的。

（3）面的装饰形式

面是具备内部充实感与外部轮廓的造型元素。面给人以确定感与安定感。

面有几何形态的面、自由形态的面。在动画雕塑作品表面的装饰形式可以按照其形状的不同分为以下几种。

① 几何形态的面：包括正方形、圆形、三角形等规则形状的面（如图3-45、图3-46和图3-47）。

② 自由形态的面：包括各种不规则形态的面。

③ 在动画雕塑中延伸的面：面要素在动画雕塑作品中同样会具备一定的厚度，甚至成为半立体的形态，如图3-48。

图3-39 利用手绘线条装饰的粘土动画雕塑

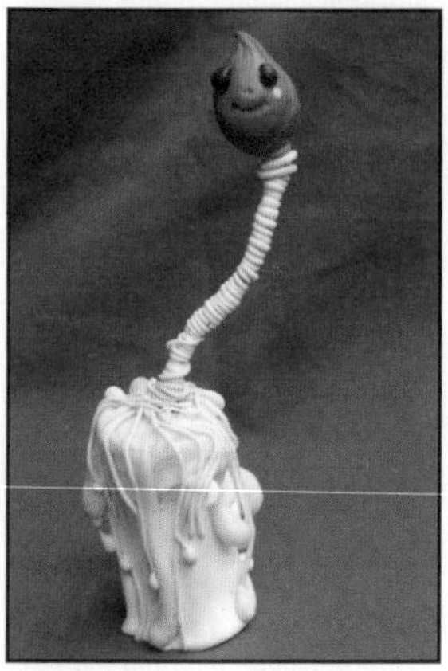

图3-40 利用泥条造型的蜡烛玩偶

图3-41 用不同泥条装饰的玩偶造型

图3-42 雕刻出的仓鼠眼泪上的线条

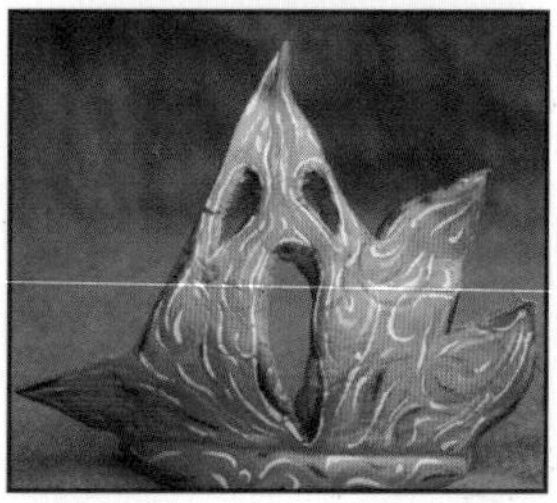

图3-43 手绘方式勾勒出的装饰线条

图3-44 用不同线条表现眼睛的仓鼠造型

图3-45 用三角形的面装饰的卡通鸡造型

图3-46 用圆形的面装饰的卡通鼠造型

图3-47 用方形的面装饰的卡通企鹅造型

图3-48 用厚泥板制作的可动偶型

(4)图案的装饰形式

“图案是设计者根据使用和美化目的，按照材料性质并结合工艺、技术及经济条件等，通过艺术构思，对器物的造型、色彩和装饰纹样等进行设计，然后按设计方案制成的图样”，“是一种有意图的设计方案”。图案风格多样、形式丰富，是一种可以有效传达信息并具有一定装饰性的视觉符号。

动画雕塑作品不仅需要立体造型设计，也需要用表面的图案来充实与完善。在动画片中，角色造型的表面会出现不同风格倾向的图案，其中包括装饰感较强的图案，也包括我们所熟知的各种传统图案和纹样。

运用图案对作品表面进行适当的装饰可以增强作品的装饰性与象征意味(如图3-49)。中国民间泥塑有很多是用彩绘的方式在泥偶上面绘制图案，并形成了不同地区独特的本土艺术特色。比如图3-50中的泥偶用简单的点和线勾勒出的图案小巧别致，符合江南地区的特色，而图3-51中河南淮阳地区的泥狗作品，表面图案粗犷、色彩浓烈，保留了原始社会图腾朴拙的风貌。

图3-52中的恐龙是用软陶制作的。用软陶材料时，可以利用其特性制作花条。花条是通过泥条、泥片的包裹、拼接、镶嵌形成的柱形泥条，通过截面的切片形成重复的图案，可以制作二方连续、四方连续和适合纹样等图形纹样。

总体来说，动画雕塑表面的装饰形式多用手绘或“泥点”“泥条”和“泥片”来表现，时下很流行的平台玩偶就是在造型素体上绘以各种图案进行装饰(如图3-53)。

图3-49 装饰图案的运用

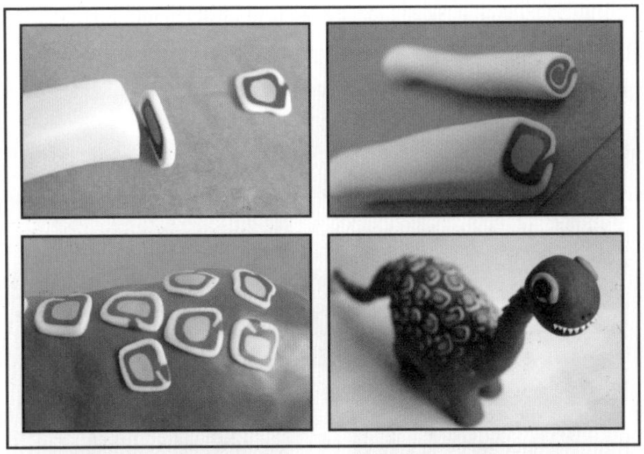

图3-52 用图案装饰的恐龙造型

图3-50 无锡泥偶

图3-51 河南泥狗

图3-53 平台玩偶

3.3.3 色彩的表现形式

动画雕塑作品最终是否会呈现理想的视觉效果，很大程度上取决于色彩，而色彩要素的呈现依赖于作品的立体造型及其表面的装饰图案。中国的民间泥塑玩偶讲究“随类赋彩”，即根据玩偶的人物特征和面貌进行着色。这对于传统玩偶和现代动画雕塑而言，都是创作中非常重要的原则。

（1）主体色调的确定与色彩心理元素的利用

在确定色调时需要考虑人们对色彩的喜好，而对色彩的喜好取决于观者的心理，因此色彩心理元素的利用在色彩表现上显得尤为重要。

1）色彩的知觉

色彩的知觉包括色彩的温暖与寒冷、色彩的兴奋与沉静、色彩的轻与重、柔软与坚硬、华丽与朴素等。

① 色彩的温暖与寒冷：色彩本身不具有温度，色彩的冷暖是通过人们的心理联想形成的。比如看到红色，我们会想到火、太阳等事物，于是红色就会给人温暖的感觉。利用色彩的冷暖对比我们可以表现主题明快的动画雕塑作品（如图3-54）。

② 色彩的兴奋与沉静：不同的色彩会使人产生不同的情绪，如蓝色使人情绪安静，灰色使人心情抑郁。如图3-55，该粘土雕塑作品色彩素雅、安静。

③ 色彩的轻与重：不同明度、纯度的色彩给人的轻重感觉不同。如图3-56和图3-57两套不同明度的卡通造型手机链作品给人的轻重感觉不同。

④ 色彩的柔软与坚硬：不同明度、纯度、色相及对比度的色彩会形成或柔软或坚硬的感觉，如金属灰给人感觉比较坚硬。图3-58中，关云长的大刀需要用银灰色的粘土制作才可以表现出兵器的坚硬质感。

⑤ 色彩的华丽与朴素：纯度较低的色彩给人以朴实的感觉（如图3-59），而鲜艳明快的色彩及色彩搭配给人感觉就会相对比较华丽（如图3-60）。

2）色彩的心理

色彩的心理包括色彩与形态、色彩与味觉、色彩的象征性、色彩与性别及年龄、色彩与个性等。了解色彩心理上的形态特征有助于我们在进行创作时将色彩与形态要素进行完美的结合。下面结合动画雕塑的色彩表现应用实例来逐一分析。

① 色彩与形态：色彩需要依赖形态得以呈现，但是色彩自身也具备心理上的形态特征。这是指不同的色彩会让人在心理上联想到不同的形态，如红色具有正方形的特征，因为红色给人稳定、厚实、强烈的感觉。

② 色彩与味觉：不同的色彩会让人联想到不同的味觉感受，如青果绿色会让人觉得酸涩；红色、橙色让人觉得甜蜜；咖啡色则让人觉得苦涩。图3-61中食物造型的动画角色的色彩就是根据色彩心理上的味觉特征进行设计的。

图3-54 利用冷暖色对比的狮子角色造型设计作品

图3-55 运用粘土本来淡雅的色彩进行创作

图3-56 浅色兔子手机链

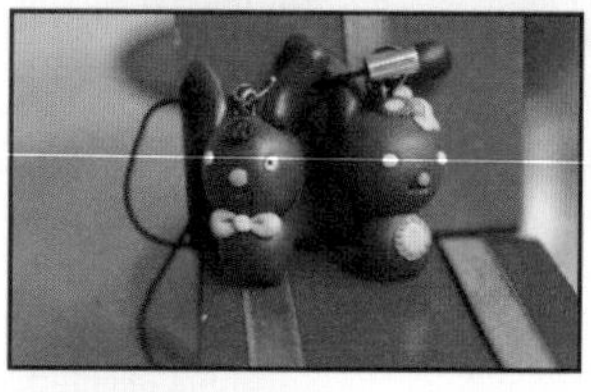

图3-57 深色兔子手机链

图3-58 手拿银灰色大刀的关云长动画雕塑

图3-59 纯度较低的色彩给人以朴实的感觉

图3-60 鲜艳的大红色给人以华丽的感觉

③ 色彩的象征性：色彩的象征性是人们看到色彩所联想到的抽象概念及具象事物，不同文化背景、不同地域的色彩象征性也是迥然不同的。如中国人把红色作为吉祥的色彩，认为可以避邪，因此在中国的传统婚礼上新人都穿着红色礼服。而在西方国家的婚礼上新人都穿着白色礼服，象征纯洁与美好，但是白色却是中国丧葬的孝服颜色。中国民间的粘土玩偶遵循的是中国文化的色彩理论，其依据是“五行色彩说”，如红色可驱邪避凶，黄色象征大富大贵，绿色代表万年常青。此外，在中国的传统文化里对色彩有着系统的定位，如中国戏曲人物程式化的脸谱色彩就有明确的象征性。黑色代表忠耿、正直；白色寓意奸诈、狠毒；蓝色则显示着刚烈、骁勇；绿色表示侠骨柔肠；黄色代表残暴、阴恶等（如图3-62）。在动画雕塑作品的创作中可以借鉴和利用中国传统色彩的象征性（如图3-63）。

④ 色彩与性别及年龄：不同性别、年龄的人对色彩的喜好与联想的内容有所不同，比如儿童偏爱鲜艳、明快的糖果色，而老年人则喜欢朴素、沉稳的色彩。因此，我们在创作时必须考虑作品受众的性别和年龄段。图3-64中的软陶兔玩偶及小汽车使用了可爱而明快的糖果色系，符合年轻人的审美需求，而图3-65中的玩偶作品的色彩以纯度变化为主，色调深沉、古朴，符合中老年人的审美需求。

⑤ 色彩与个性：不同性格特征的人对色彩的喜好也是不同的。一个人的性格特征和他的文化背景、个人经历有很大关联，个人的色彩偏好也体现了他的基本审美需求及文化品位。图3-66和图3-67作品题材相近，但风格不同。其色彩都是运用了蓝色调作为作品的主色调，但是在蓝色的明度和面积的分配上有很大的区别。图3-66中作品色彩风格更为简洁、明快、现代，通过作品可以看到作者性格更加奔放、干练，图3-67中作品色彩更加含蓄、古典，反映出作者温婉、传统的性格特征，其色彩的运用反映了两组作品作者的性格差异。

图3-61 利用了色彩与味觉的关系进行创作的玩偶作品

图3-62 中国京剧脸谱程式化的色彩运用

图3-63 运用中国传统色彩的象征性进行创作的玩偶作品

图3-64 可爱的糖果色玩偶作品

图3-65 色调沉稳的仕女造型

图3-66《戏曲娃娃》

图3-67《戏曲人物》

（2）色彩的对比与协调

作品要想在色彩上吸引人就应该注重其“易视性”，即运用色彩的最佳搭配方式形成最容易吸引人们视线的色彩对比关系。例如，将易视性很强、色相饱和度较高的鲜艳色彩和易视性较弱、饱和度较低的灰暗色彩灵活搭配，可以形成很好的色彩对比关系。色彩对比可以从这几个方面入手：冷暖对比（如图3-68）、明度对比（如图3-69和图3-70）、纯度对比（如图3-71）和面积对比（如图3-72和图3-73）。

当然，除了合适的对比还应该进行适当的协调。可以运用的色彩协调方式包括：加入过渡色彩、无彩色，改变色彩的面积，在色相不变的前提下改变色彩的明度或纯度等。

在对粘土玩偶的色彩进行处理时有“色彩跑了墨当家”的说法，很多民间玩偶都用墨线进行勾勒来达到统一色彩的目的。这其实是利用无彩色统一颜色的方式。这样的例子还有很多，如我国淮阳泥塑“人面猴”在色彩的运用方面，一般以黑色为底色，用红、白、绿、黄来绘彩（图3-74）。

图3-68 采用冷暖对比的超轻粘土玩偶作品

图3-71 采用纯度对比的超轻粘土玩偶作品

图3-72 运用色彩的面积对比进行创作的超轻粘土玩偶作品

图3-69 采用明度对比的雕塑作品

图3-70 采用明度对比的超轻粘土玩偶作品

图3-73 运用色彩的面积对比进行创作的平面泥塑作品/张莉

图3-74 淮阳泥塑“人面猴”

课后练习

使用自己感兴趣的视觉元素，构思一个或一系列的动画角色造型，以草图形式提交；

使用中国民间艺术元素，构思一个或一系列的动画角色造型，以草图形式提交。

CHAPTER 4

动画雕塑的制作步骤与基本方法

动画雕塑作品是一个完整的设计作品，其从构思到完成是一个完整的创造活动，并且作品最终需要通过动手制作来完成。本章将通过对实例的介绍与分析具体介绍动画雕塑的制作步骤和制作方法。

本章重点：动画雕塑的制作步骤

动画雕塑制作的基本方法

4.1 动画雕塑草图的绘制

在制作动画雕塑作品之前，首先要绘制草图。草图是把动画导演的设计意图、创作思想准确反映到作品上的重要手段。通过草图，我们可以看到动画雕塑对象的基本造型、整体色彩和表面图形，并通过这些外在形式来了解动画导演的要求。

草图的绘制可以分为效果图与结构图。效果图需要着色，是作品最后的完成效果。如果是三维形态的设计，可以绘制多个角度的效果（如图4-1和图4-2）。结构图则是根据效果图进行基本结构的分析绘制，尤其是通过泥板、泥片等面材加工而成的作品更需要绘制平面的结构展开图以达到制作的准确性。此外，有时一些有意思的想法可能会在脑海中一闪而过，这些信手画出的草图能直接、生动地表现我们的想法，虽然不够精致，但是经过完善将会成为作品创意的主要来源（如图4-3）。

绘制草图可以采用手绘与电脑软件两种途径。手绘效果图更加直接与生动，可以快速地反映设计者的想法。电脑绘制则更方便反复修改，提高效率（如图4-4和图4-5）。草图应该尽量绘制成等比例大小，如果是定格动画的偶型草图，其实物是按照与正常人或动物大小为1:6的比例制作的，这样便于后期动画片的拍摄，因此草图的绘制也可以按照这一比例进行。

虽然动画雕塑的作品可能源于插画或者连环画、漫画故事，但是在有很好的形象设计来源的前提下，设计者还是需要用详细的草图来完善设计。

4.2 动画雕塑的塑形方法

动画雕塑大量地借鉴了雕塑塑形的方式并结合手工制作来完成，因此塑形是动画雕塑的基础环节。

基本形体的确立是动画角色造型塑形的关键。无论是简单造型的角色、细节繁杂的角色，还是写实造型的动画角色，其大致形体的确定都必须以几何体为基础。从简单的几何形体入手也更便于初学者把控整体的造型。

在练习雕塑的塑形方法时，我们可以以粘土材料为主进行尝试。粘土是泥性材料，便于揉、捏、拉、挤、压、按，对于初学者来说，粘土材料比较容易驾驭。

图4-1 多个角度的人物效果图

图4-3《水果娃娃》手绘草图

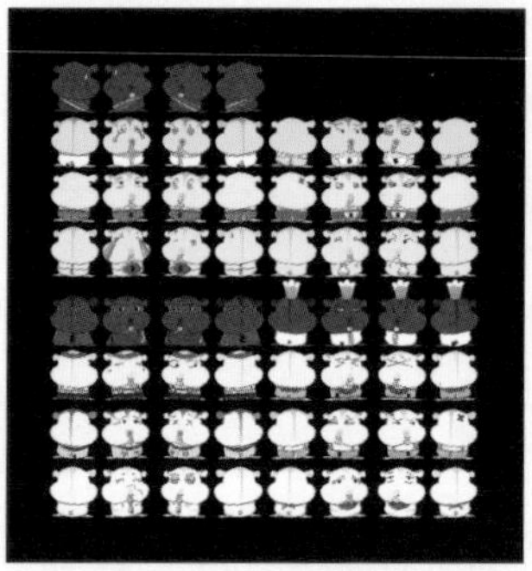
图4-4《卡通仓鼠》设计草图 /吴玥媚

图4-2 多个角度的角色效果图

图4-5 电脑软件绘制的恐龙草图

4.2.1 捏塑

捏塑是采用手工方式进行玩偶形态的塑造和制作的一种方法，用捏塑的方式制作造型比较随意、灵活，但是需要制作者对造型有较好的把控能力。手工捏塑其实是用手掌、手背和手指充分感受粘土泥性质感的一种最直接的方式，也是按照设计要求、自身审美和对造型的理解来直接塑形的方法。捏塑的基本操作手法包括搓揉、按压、拍压、拉伸等。

下面主要介绍几种基本的捏塑方法及辅助手段。

(1)几何造型体块的塑造

1)球体的塑造

球体造型是常用的几何造型(如图4-6和4-7)，球体基本上都是用手掌搓揉塑形的(如图4-8)。

2)立方体的塑造

将已经塑好的球体进行按压或切割可以形成立方体(如图4-9和图4-10)。

(2)球体、立方体的变化

对球体、立方体进行变化可以进一步产生其他体块的造型，这些变化主要通过拉伸、按压、组合、分割等方法来完成。需要注意的是，手的捏塑效果是任何工具都无法替代的，通过手掌、手指的各种捏塑动作，可以完成各种形状的塑造与变化(如图4-11)。

图4-6 主体为球体的《章鱼娃娃》

图4-7 各种造型的球类娃娃

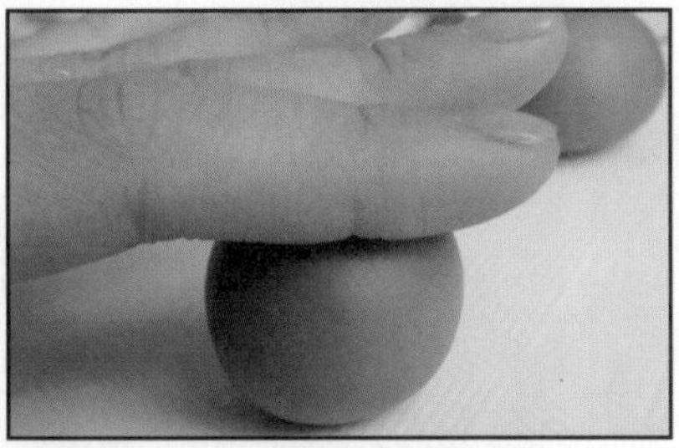

图4-8 采用搓揉塑形方法塑造球体的操作图

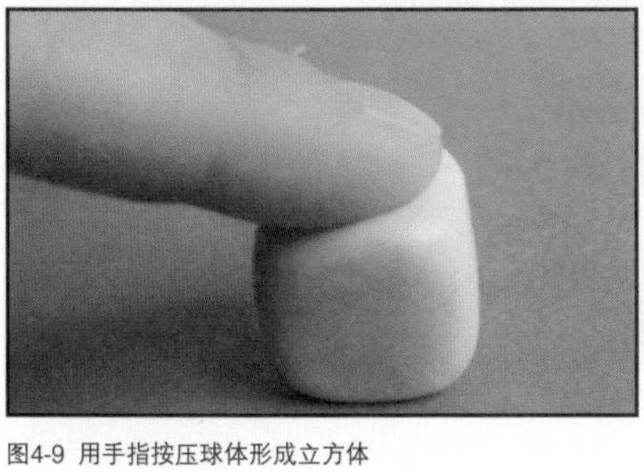

图4-9 用手指按压球体形成立方体

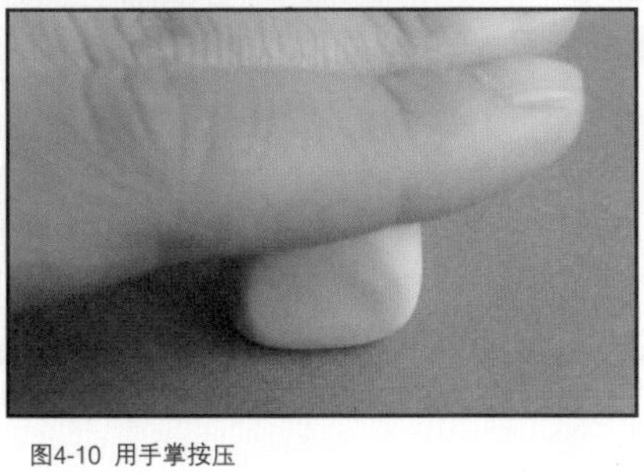

图4-10 用手掌按压

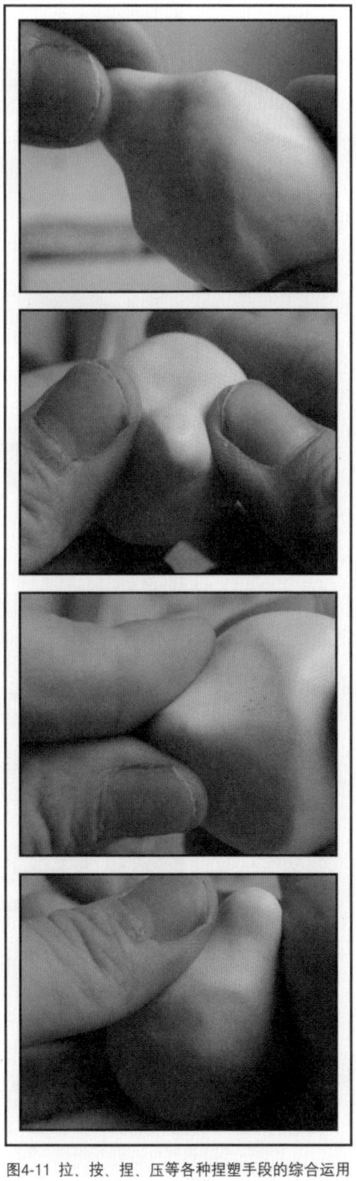

图4-11 拉、按、捏、压等各种捏塑手段的综合运用

1）拉伸

拉伸是根据造型要求，用手对已经成型的基础造型进行一定的拉伸，形成新的变异造型（如组图4-12和组图4-13）。

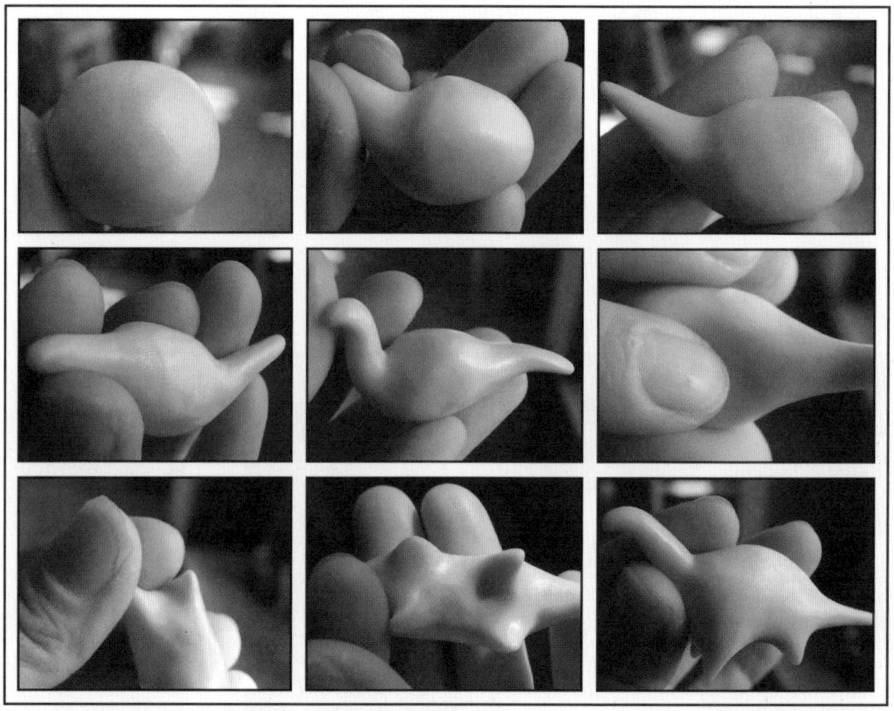

图4-12 用拉伸法将球体变化为恐龙造型

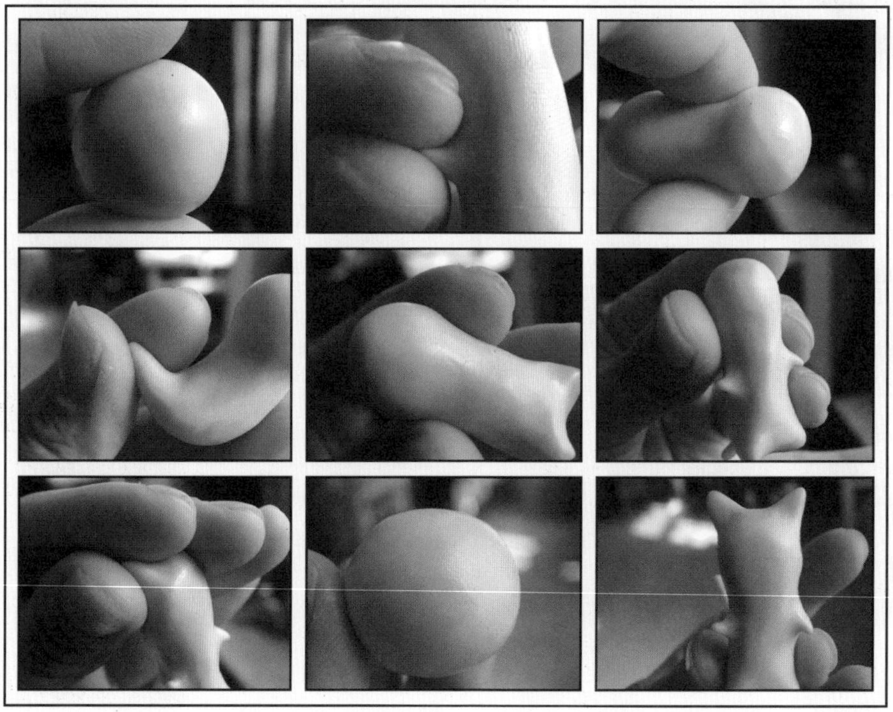

图4-13 用拉伸法将球体变化为卡通动物造型

2）按压

按压是根据造型要求，在基础几何造型体块上用手或者工具进行一定力度的按压，形成不同厚度、不同造型的"泥片"泥条或泥块。图4-14至图4-17是球体通过拉伸、按压形成的不同造型。

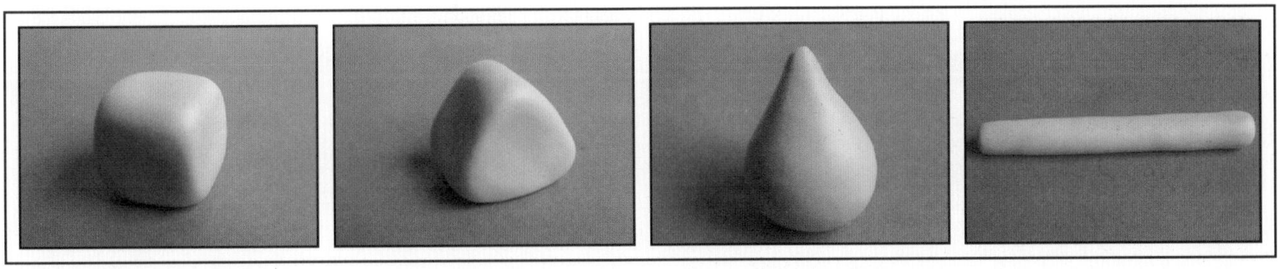

图4-14 球体经过按压形成的造型1

图4-15 球体经过按压形成的造型2

图4-16 球体经过按压形成的造型3

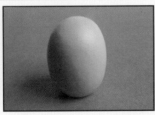

图4-17 球体经过按压形成的造型4

3）组合

体块的组合是利用各种基础体块进行再组合形成新的体块造型的方法，是构成立体形态的常用方式。

① 同一类型体块的组合：同一类型体块的组合是一种常用的体块组合方式，通过体块的组合可以形成更加复杂的、具有一定体量的立体造型。

图4-18、图4-19和图4-20是用球体、圆柱体按照由简到繁、由少到多进行组合，通过比例与数量的变化，运用不同的组合方式形成了不同昆虫造型的玩偶。

图4-21中玩偶的头发造型运用到了同一类型体块的组合。

图4-22至图4-24都是从简单的球体过渡到复杂的球体组合的造型。

② 不同类型体块的组合：当造型设计变化更丰富更复杂时，需要利用不同类型的体块进行组合以变化出更多的立体形态（如图4-25和图4-26）。

图4-18 蜘蛛玩偶

图4-19 蚂蚁玩偶

图4-20 毛毛虫玩偶

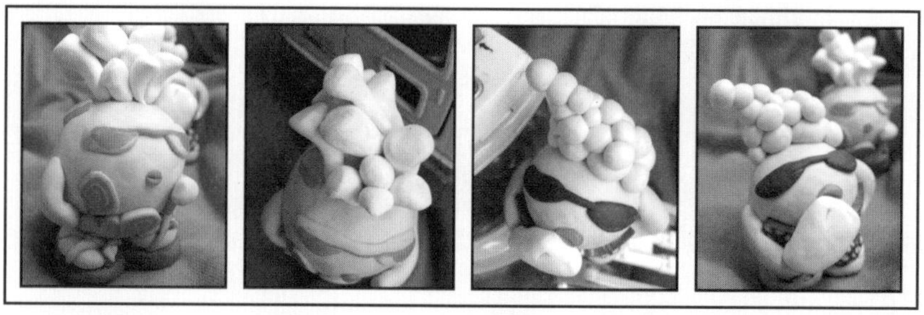

图4-21 头发造型独特，分别用球体和变异的泥条组合构成立体造型

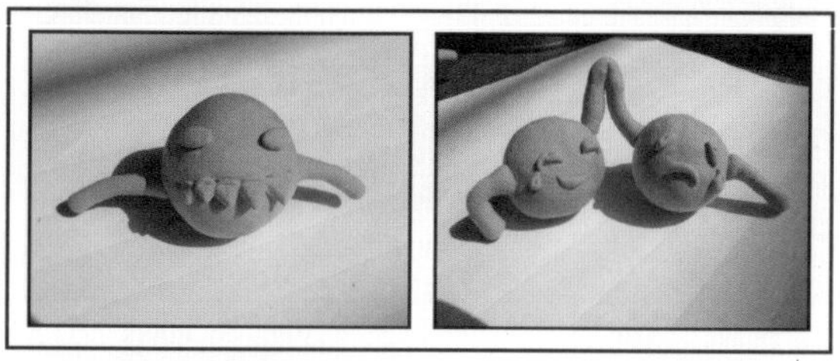

图4-22 球体由简单到复杂的变化

图4-23 球形组合

图4-24 球形组合发展出来的玩偶造型

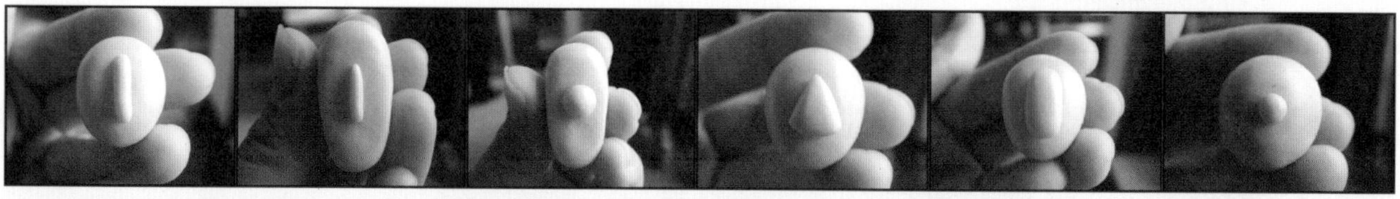

图4-25 不同的脸型搭配不同体块造型的鼻子

图4-26 相同脸型搭配不同体块造型的五官

4）分割

通过基础几何体块的分割与组合可以得到新的立体造型。对体块的分割是指对基础几何体块进行各种方式的切割并再进行新的组合来进一步丰富造型。利用分割方式形成的新的体块与被分割后的基础体块从造型、形态上具有很紧密的关联，因此二者经过组合所形成的新的立体造型是比较统一与协调的。

体块的分割方式包括几何线分割和不规则线分割，体块的分割大小包括等量分割、等形分割、按照一定比例变化分割和自由分割（如图4-27）。

此外，体块的挖切也是体块分割的一种（如图4-28）。

（3）泥条的变化

粘土是一种泥性材料，可以用手将其搓成一定粗细的泥条（如图4-29）。第三章3.1.3谈到的线要素中，将泥条归类为线要素的延伸，这是因为在动画雕塑作品中泥条具备“线材”的特征，即具备长度、宽度、深度。但是线材的单体所构成的立体形态比较单薄，需要进行多种形式的组合才可以形成更加完整的立体形态。

角色人物的头发、身体、服装等都可以通过泥条的组合达到设计效果。具体操作方式有以下几种。

① 泥条的叠加：把泥条进行重叠、叠加形成立体的造型（如图4-30）。

② 泥条的编织：把泥条按照一定的规律进行编织组合形成立体造型（如图4-31至图4-37）。

③ 泥条的其他组合：综合运用各种组合方式，也可以无一定规律地进行组合，但是所构成的立体形态应该是完整并具备一定张力的（如图4-38）。

图4-27 不同体块的分割

图4-28 利用体块的挖切形成的造型

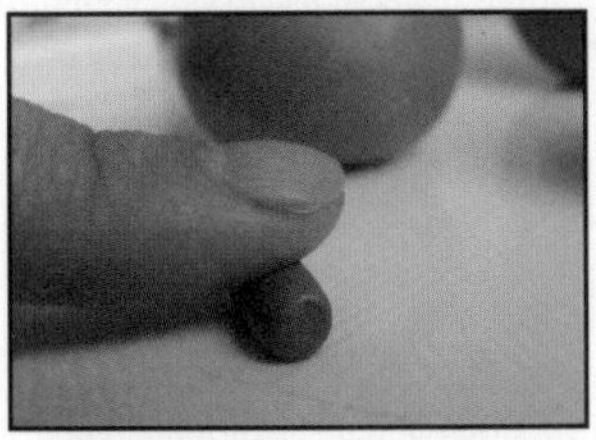

图4-29 泥条的制作

图4-31 将切好的泥条进行有序的编织

图4-32 将编织好的泥条裹在球体外围

图4-33 将泥条弯曲后粘贴在球体上

图4-30 用泥条进行叠加后形成的造型

图4-34 插入铁丝加以固定

图4-35 安装头部

图4-36 塑造五官

图4-37 添加细节后完成立体造型的塑造

泥条组合形成的立体形态更富有韵律感与节奏感，这是其类似于"线材"的特征所决定的，我们在创作时可以充分借助这一优势，巧妙利用。

（4）泥片的变化

泥片是将粘土用工具按压、擀压加工后形成的（如图4-39）。和体块相比，泥片只具备长、宽特征，不具备深度或者说深度不够，但是泥片具有"面材"的特征，可以通过弯曲、切割、粘接、插接等方式进行变化延展，从而组合形成二维半（半立体）或三维立体的形态。中国民间手工艺者在制作糖人时也用到了这种面材的加工方式，即将糖稀做成不同形态的"糖片"，再将其粘接到一起形成新的立体造型（如图4-40）。需要注意的是，用泥片制作的雕塑作品更接近于浮雕的效果（如图4-41和图4-42）。

除了粘土材料，动画雕塑所使用的很多制作材料都是面材，如布、粘土泥片、纸材、板材等，不具备空间感，需要通过进一步加工形成立体形态（如图4-43）。

（5）添加与削减

添加是通过贴泥片、贴泥条的方式来塑造形体的起伏变化与凹凸空间感的一种方法。削减则是通过挖切、切割的方式来塑造形体凹凸感与空间感的一种方法。添加和削减都是雕塑塑形的基础手法（如图4-44和图4-45）。

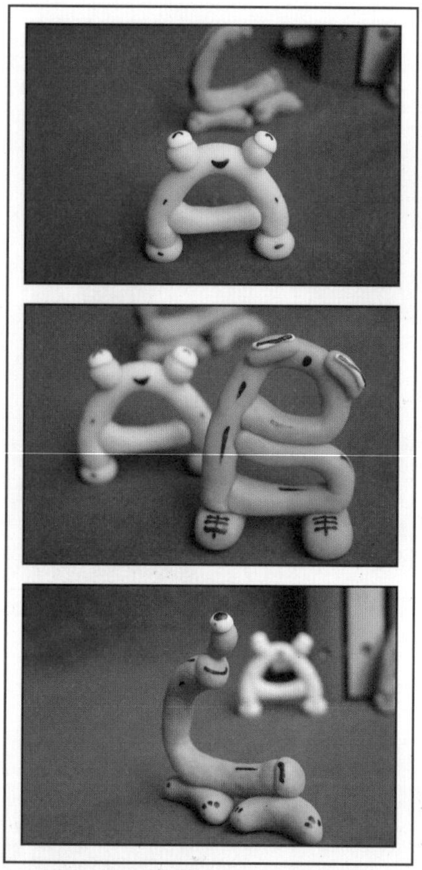

图4-38 用不同的方式组合泥条所形成的字母玩偶造型

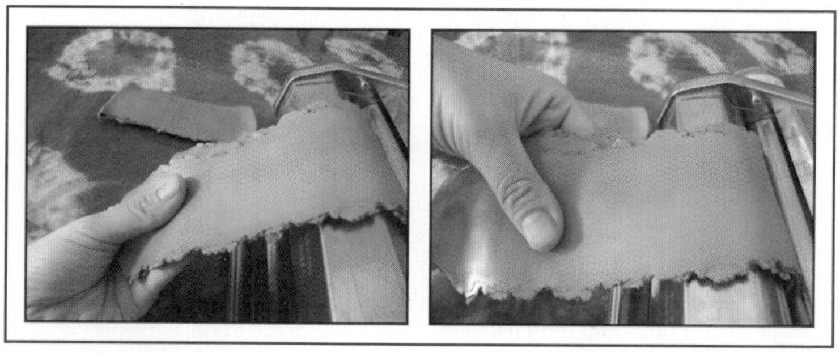

图4-39 用压面机擀制软陶泥

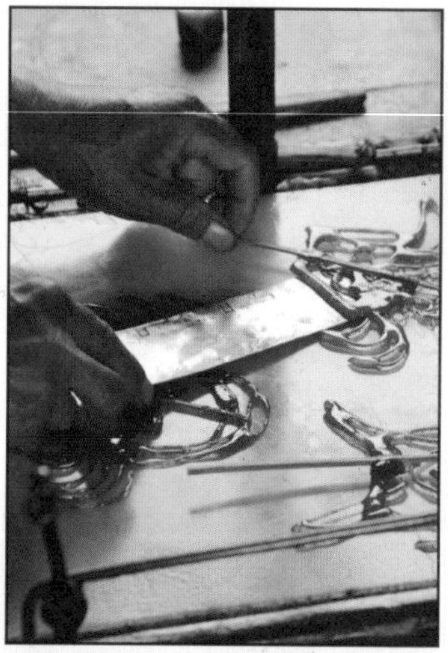

图4-40 用"糖片"制作糖人

图4-41 用泥片完成头部制作的黑人造型

图4-42 平面脸谱形式的娃娃夹子

图4-43 用KT板制作的立体造型

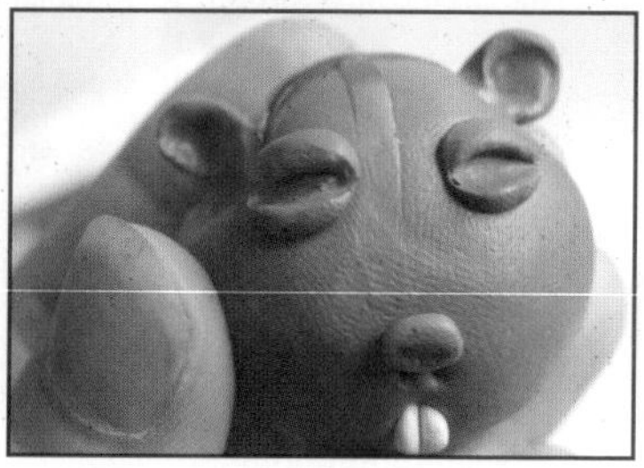

图4-44 利用添加和削减法塑形

（6）不同部位的粘接和接缝的抹平

很多时候动画雕塑的头部与身体、胳膊、腿等是分开塑形的，塑造好每个部位后需要粘接在一起，对粘接的接缝也需要用泥填平（如图4-46）。同样的，当我们加上泥片或泥条时，新加的泥料会和原有的泥料之间产生接缝，这时需要通过抹平、按压使接缝变得光滑。聚合性粘土包括软陶具有一定的硬度，接缝的处理难度最大，需要耐心地用手或雕塑刀抹平。

（7）雕刻

雕刻是利用雕刻刀或锥子等工具在形体表面进行刻画（如图4-47），是动画雕塑塑形的辅助手段。

上面介绍了动画雕塑的基本捏塑方法，很多手法借鉴了泥塑、面塑等雕塑造型手段，讲解内容主要针对的是手工捏塑法。

4.2.2 模塑

模塑是在制作好的原模上翻制外模，然后将粘土、硅胶或树脂材料填充到外模内进行脱模翻制的一种造型手段。模塑适合制作简练概括、细节较少的造型，对于小批量的雕塑作品制作，利用模塑可以提高制作效率。在定格动画的偶型制作中会用到模塑，在制作偶型的身体、脚部、可替换的身体局部等部分也会用到翻模技术。

下面以一个简单的人物面部造型为例介绍模塑法的操作过程，主要包括原模及外模的制作、翻模和脱模几个环节。

（1）原模及外模的制作

原模可以用油泥制作，也可以用雕塑泥、软陶来制作，外模则可以选择用石膏制作，也可以用硅胶、软陶来做。

图4-48中的实例原模是用软陶制作的，需要烘烤成型才可以作为原模。原模制作完成后需要在其表面均匀地刷上一层硅胶。硅胶需要按照比例添加固化剂，添加固化剂后会快速地凝固（如图4-49）。待其完全凝固后和原模一起放入用水调好的液态石膏中，待石膏完全凝固后取出原模，并拆开盛放石膏的塑料器皿，外模就制作完成了（如图4-50和图4-51）。

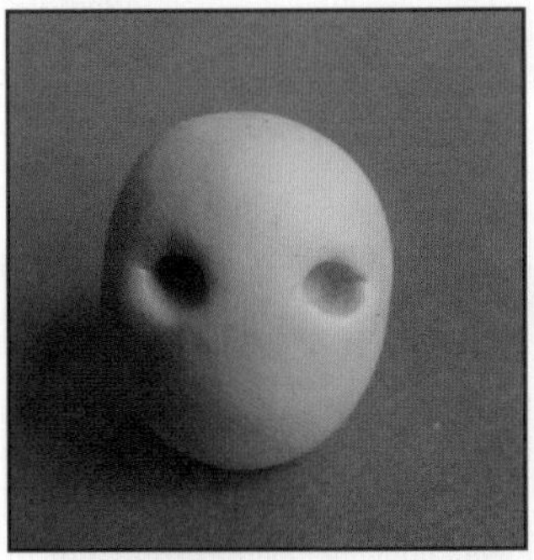

图4-45 利用挖切法塑形

图4-46 利用粘土的粘性可以进行各部分的粘接组合

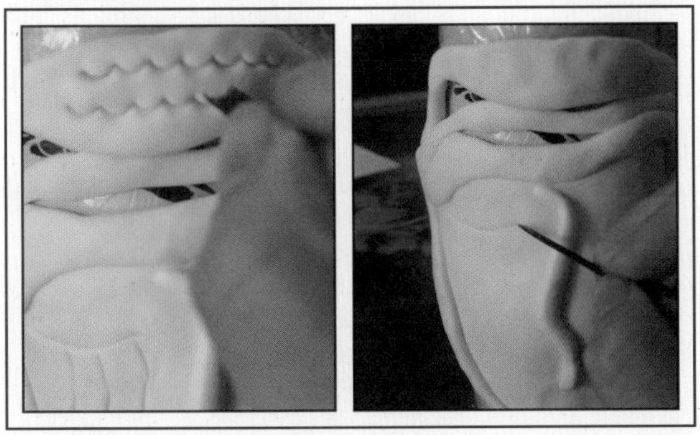

图4-47 用雕刻刀雕刻

图4-48 软陶原模

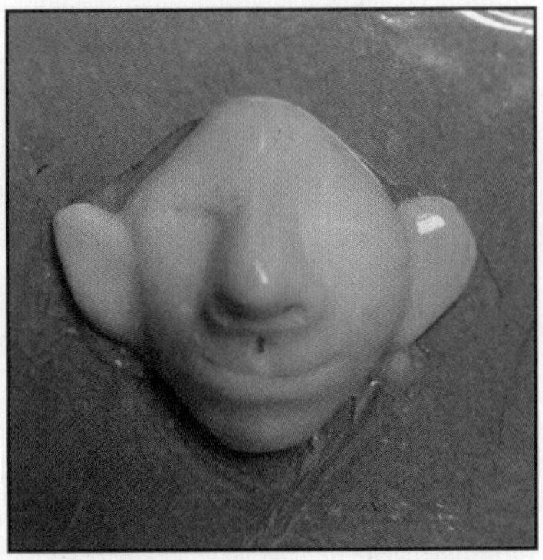

图4-49 硅胶软模

(2)翻模

在外模中塞入适量的软陶泥，用力填满、填平（如图4-52）。翻模时硅胶软模位于外模与填充的软陶之间，硅胶软膜可以使翻出的模细节更准确，同时方便脱模。

(3)脱模

因为外模与软陶泥之间有一层硅胶软模，所以很容易脱模（如图4-53和图4-54）。脱模后需要整理边缘，并整理造型中不光滑的地方（如图4-55）。有时在制作外模时并没有做硅胶软模，而只有石膏外模，这样在填充材料前需要在外模里层喷刷一层脱模剂或凡士林。如果外模是软陶，填充材料也是软陶的话，也可以在外模里层刷上一层痱子粉。这样翻模后的造型轮廓清晰（如图4-56）。

4.2.3 捏塑与模塑的结合

在动画片的静态角色模型及定格动画的偶型制作过程中，可以将模塑与捏塑结合起来，这样不仅可以使角色造型统一中富有变化，也可以提高制作效率，二者互相补充可以制作出更加完善的作品。图4-57中的软陶雕塑作品就使用了模塑与捏塑两种造型手段。

图4-50 硅胶软模在制作石膏外模时应该和原模放在一起

图4-51 直接用软陶制作的外模

图4-52 翻模的效果

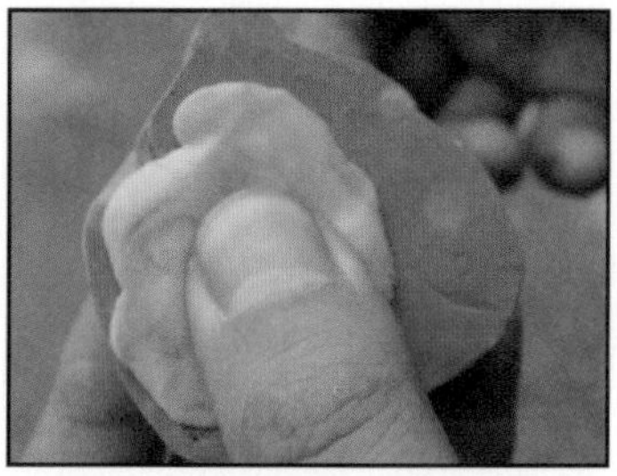

图4-53 在外模中填充软陶泥

图4-54 脱模

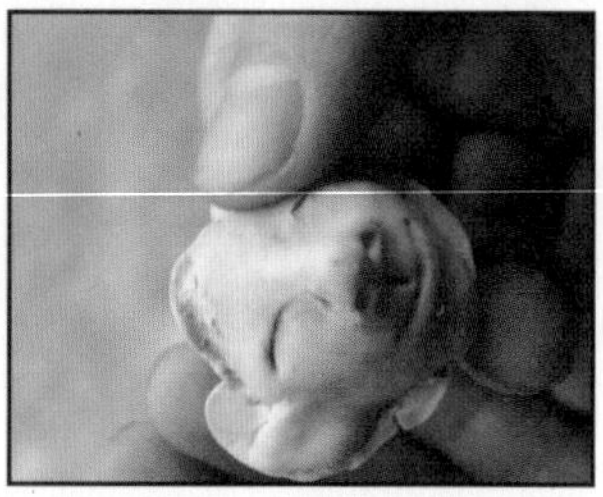

图4-55 脱模后需要修边

图4-57 烘烤后的效果

图4-56 利用翻模法做出的人物脸谱

该作品的外模是用软陶制作的，和石膏外模相比，软陶外模稍显粗糙，但制作起来十分方便。倒模时需要先刷上一层痱子粉，再将软陶泥一点点塞入，直到填满外模，填满后用力压实（如图4-58、图4-59和图4-60）。

倒模出来的是婴儿的面部（如图4-61），头后部用肉色软陶泥补足造型（如图4-62）。此造型必须通过手工修整才能更加完美（如图4-63）。用软陶制作的外模虽然精细度有所欠缺，但制作起来相当方便，如果追求细节的完美，可以使用石膏或硅胶制作外模。

最后用手工捏塑的方法制作耳朵、头发和头部装饰等细节（如图4-64、图4-65和图4-66）。

图4-58 在软陶外模内侧刷一层痱子粉

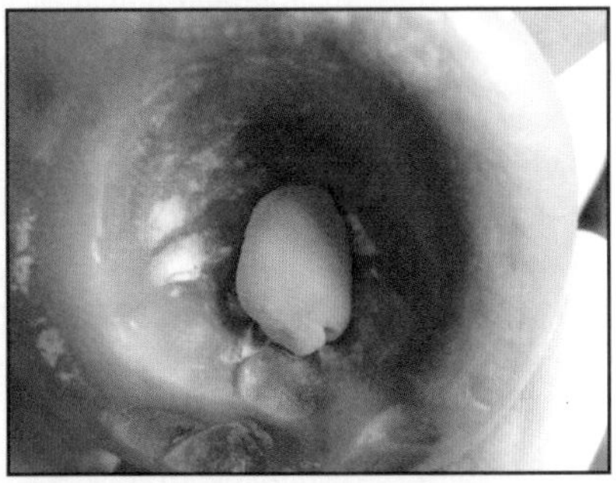
图4-59 一点点地填入软陶泥

图4-60 填满后用力压实

图4-61 翻模

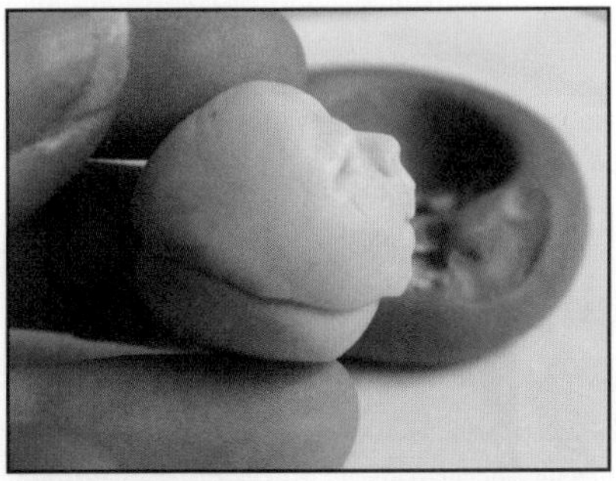
图4-62 在头部后方填入泥料

图4-63 修整脸部

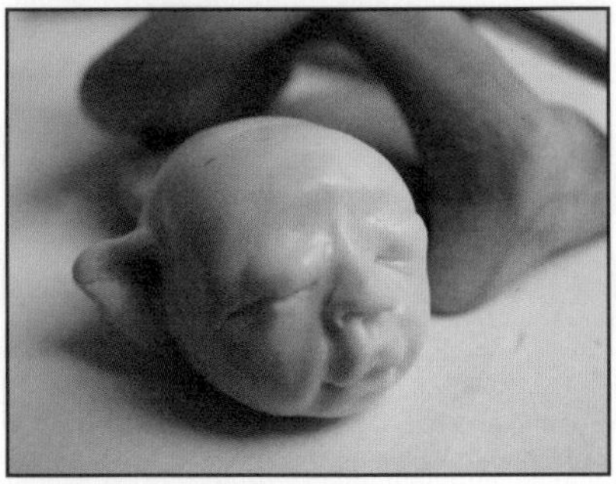
图4-64 加上耳朵

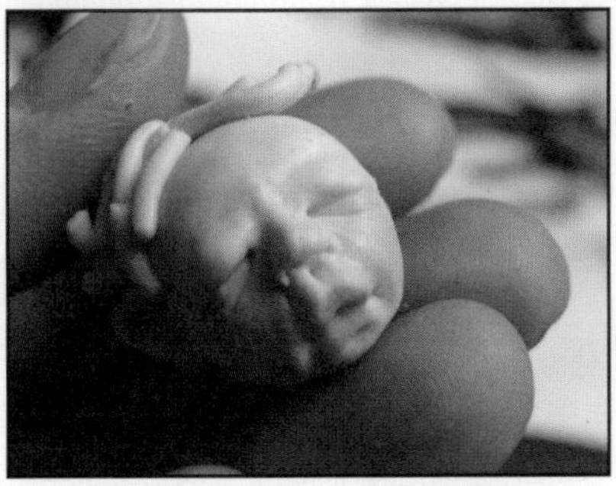
图4-65 贴上头发

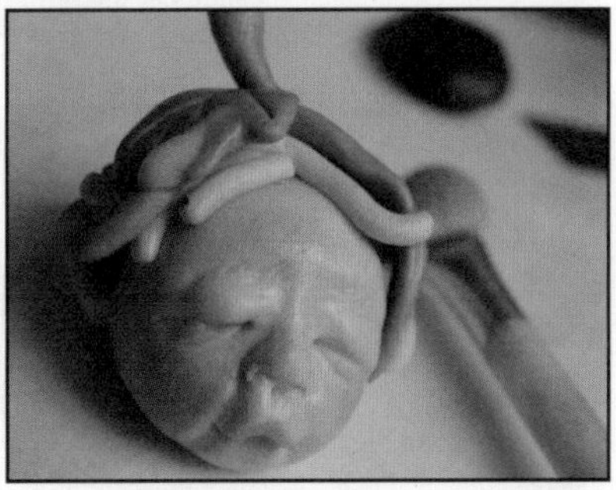
图4-66 装饰头部并在脸部画上腮红

4.3 动画雕塑的制作步骤

了解了动画雕塑的基本制作方法后，我们来介绍动画雕塑作品的具体制作步骤。下面以常用的粘土材料为例，介绍动画雕塑的基本制作步骤。

4.3.1 加工生泥

无论是化学原料的粘土还是天然原料的粘土，在制作前都必须进行加工，目的是使粘土均匀柔软，最大程度地发挥其可塑性。不过加工不同性状的粘土的方式也是不同的。

（1）油泥和工业用橡皮泥

使用油泥或工业用橡皮泥时，只需对材料进行适当的揉捏后即可使用。精雕油泥比较坚硬，可以用酒精喷灯或吹风机进行加热处理，使其变软后再使用。

（2）聚合性粘土

一般的聚合性粘土从工厂生产出来时都有些偏硬，不过不同质量、不同配方的粘土会有所不同，可以经过简单的擀制和揉捏使其变软后再进行操作。

加工软陶时，用金属擀棒由轻到重地逐渐用力将新泥擀成片状。如果新泥较硬，可以用手揉压成片状后再用金属擀棒去擀。然后将泥片紧紧卷压后，再次擀压成片状，重复操作直到粘土的软硬度达到制作要求为止（如图4-67）。泥量很大的话，可以使用压面机来加工以节约时间（如图4-68）。

很多初次接触软陶的人不太适应其硬度，总希望软陶泥能够柔软些，其实好的软陶泥较硬，不会随着环境的温度改变其性状，经过加工后的柔软度适中，便于造型。而软陶泥太过柔软会出现粘手、易变形、不易塑形等问题。

需要注意的是，对生泥的加工会影响后期成品加工成型的效果，尤其对其光泽度和光滑度影响较大。

（3）其他类型的人造粘土

在制作其他类型的人造粘土如超轻粘土和树脂粘土前，一般

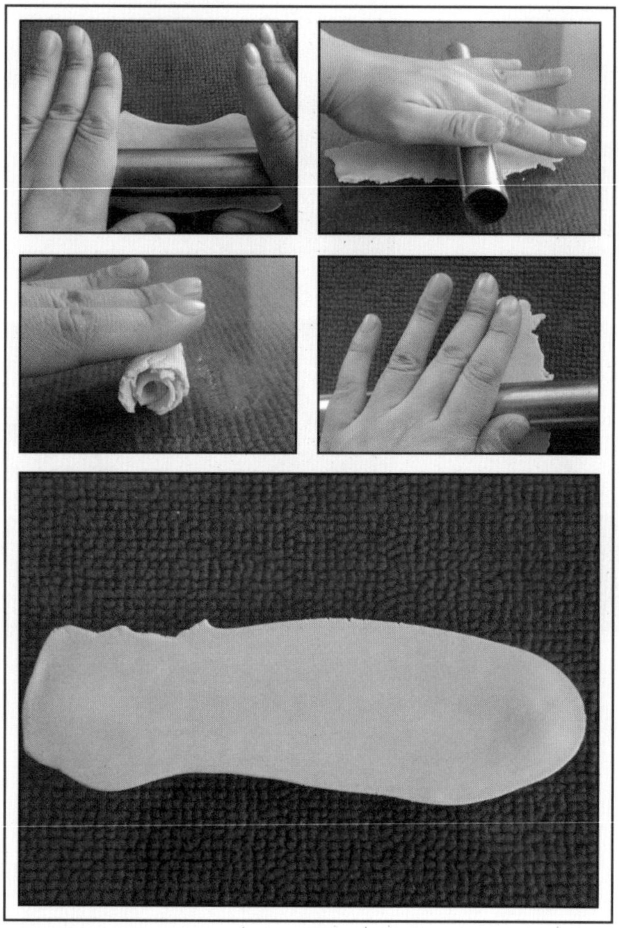

图4-67 擀制粘土的操作图

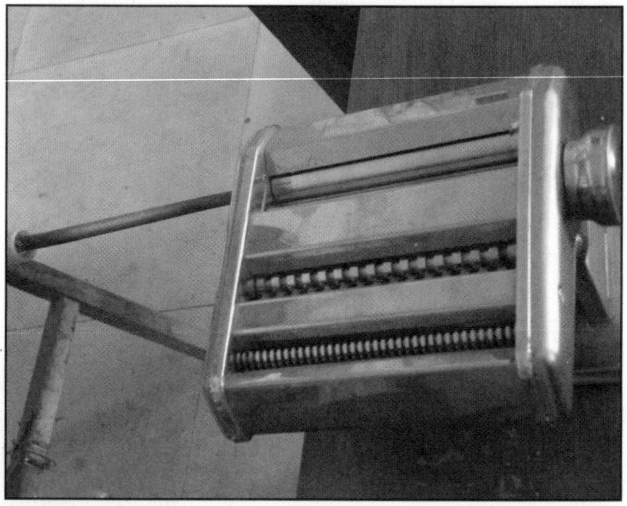

图4-68 压面机可以加快擀泥的速度

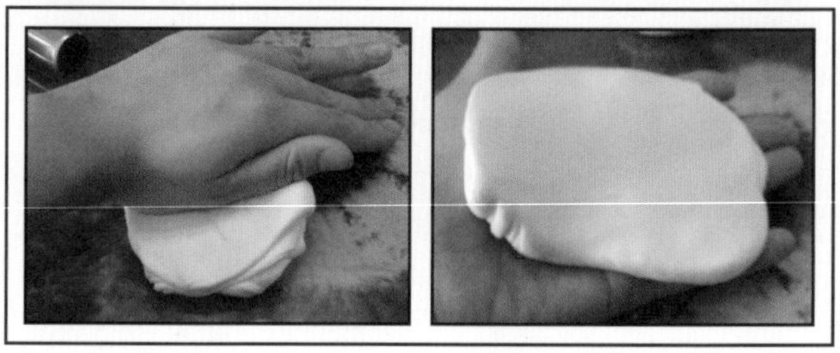

图4-69 树脂粘土的揉制

情况下需要运用揉、擀等方式排除粘土中的空气，适当去除湿气以便于造型（如图4-69）。

（4）天然原料的粘土

取来的天然泥料在制作前必须进行加工，加工前的泥料称为“生泥”，这时泥料的可塑性差、杂质多，需要进行捶打，有的地方将此称之为“打泥”“练泥”。除了用木棒进行捶打之外，还可以在里面添加材料提高泥料的性能，如凤翔泥塑的泥料就是在泥土中添加了适量的棉花并反复捶打，使泥土与棉花得到充分的融合。而无锡惠山泥塑用的磁泥则添加了皮纸和棉花，并进行了长时间的揉搓、捶打。用这样加工出来的泥料制作出的动画雕塑作品质感与坚固度十分理想。用于雕塑的黄泥、黑泥都含有杂质，且湿度不够合适，可能过干或过湿，都需要适当的“打泥”、揉制加工。

用于塑形的粘土材料加工好之后就可以准备开始制作了，但是很多动画雕塑作品因为体积或结构的需要必须先来制作骨架，下面就来看看骨架的制作方法。

4.3.2 制作骨架

对于体积较大或者有特殊要求的动画雕塑，必须制作骨架。骨架可以使造型更加稳定，使玩偶更加结实，极大地提高和加强雕塑作品的功能性。

（1）动物雕塑的骨架

动物雕塑的骨架制作应该遵循动物的生长结构，如在下面的恐龙雕塑实例中，首先需要制作出恐龙的脊柱骨，同时将其作为躯干的主轴。

用较一根较粗或将几股较细的金属丝拧在一起制作，根据设计草图的要求，在主干上缠绕金属丝，做出身体、手臂和腿的骨架（如图4-70、图4-71和图4-72）。

做好骨架后可以直接在外面包上泥料，最好包裹两层（如图4-73至图4-78），以防止金属丝撑破粘土，也可以在骨架外面包裹一层锡纸或填充泥料后再包裹泥料。

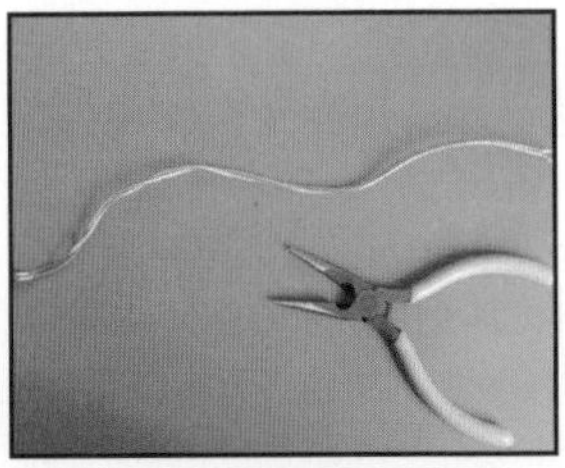
图4-70 制作主干骨架的材料

图4-73 把泥片擀制好

图4-74 包裹第一层泥片

图4-75 包裹第二层泥片

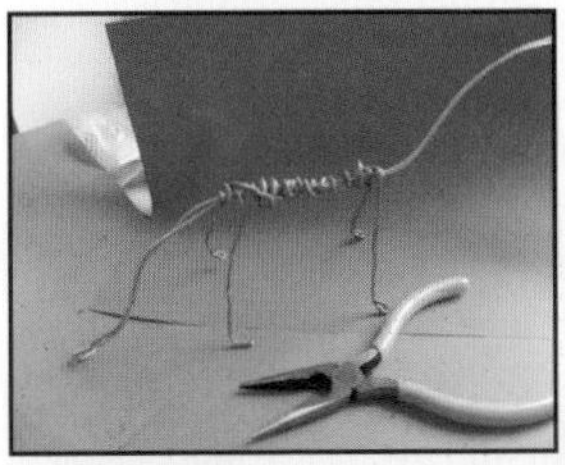
图4-71 缠绕铁丝

图4-76 制作脚部

图4-78 完成图

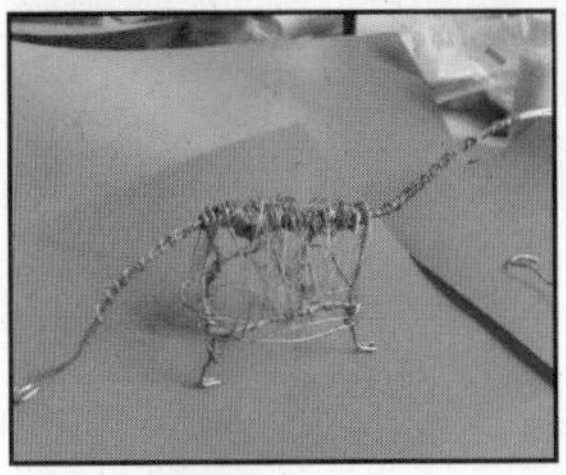
图4-72 完成图

图4-77 烘烤后的效果

（2）人物造型的骨架

人物造型的骨架同样需要抓住人的身体结构，包括躯干的主轴。用一根较粗的金属丝或将两根较细的金属丝拧成主干轴，并在上面缠绕金属丝做出身体及腿部造型（如图4-79）。

骨架还可以用其他材料如牙签、笔芯、软纸等来制作。如果用柔软的材料制作，要注意把握好人物的基本比例与结构（如图4-80）。

用于拍摄定格动画片的动画偶型的骨架制作起来更为复杂，需要注意四肢之间的连接、脚部的固定等问题，因为这类动画偶型在拍摄中既要求四肢具备足够的稳定性，又要求做出不同的动作以完成拍摄（如图4-81）。

4.3.3 塑造形体

完成骨架制作后就可以开始塑造动画角色的形体了。如果动画雕塑作品是一个静态的立体模型，则采用已经介绍过的手工捏塑和模塑手段就可以完成；如果是有特殊要求的立体造型或可动偶型，就需要采用各种综合手段来完成，包括手工布艺、纸艺等手工制作手法。详细方法参见第四章的制作实例。

4.3.4 加工定型及表面处理

造型制作部分完成后就可以对粘土玩偶进行加工定型和表面的打磨处理了。

（1）加工定型

用陶土制作的粘土作品需要在自制的土窑里进行高温烧制。聚合性粘土烘烤温度的高低与时间长短将会直接影响雕塑作品的外观效果，包括色泽、光泽、硬度、质感。一般情况下，聚合性粘土需要在130℃到200℃之间的温度下进行烘烤加工。当然烘烤的具体温度和时间需要根据粘土的质感、作品的厚薄、体量大小来确定。

部分粘土作品需要风干，也有些粘土作品是用风干的方式成型的，这些都需要注意风干的环境。有的粘土需要晾晒，有的需要在自然室温下阴干。

（2）打磨处理

风干或烧制成型的作品表面都需要进行打磨处理，目的是让作品表面更加光滑，使后期的着色更加均匀。

打磨处理需要细致耐心，如果处理不当反而会损坏作品。对于聚合性粘土、树脂粘土，可以使用砂纸打磨，由粗到细逐步过渡。打磨要均匀，之后用粗棉布或海绵擦拭作品表面使其产生光泽，然后可以用毛笔均匀地在作品表面薄薄地涂上一层专用上光油，使作品更富有光泽。也可以在角色的嘴巴、眼睛等需要亮度的部位适当地涂些上光油，效果会更好。

4.3.5 着色

动画雕塑作品的着色环节在烘烤定型前后都可以进行，可以针对设计草图所要求的视觉效果及不同的粘土材质来确定着色的材料与方式。软陶制作的玩偶，有些着色部分可以在加温前完成，如脸部的红晕，可以用化妆用的腮红、眼影着色（如图4-82）。

着色时可以运用绘画中的"平涂"、"晕染"、"勾勒"和"点彩"等手法。

着色的常用工具材料包括水彩笔、毛笔、勾线笔、水彩、水粉、丙烯颜料、色浆、粉彩、化妆用的腮红和眼影等（如图4-83）。

4.3.6 制作服装和配饰

动画角色的服装和配饰也是动画角色造型的重要组成部分，在静态模型上可以用和塑形一样的材料完成，作为整体的一部分来塑形，不需要另外制作。当然有时候为了角色设计的需要可以用其他材料完成，但是对于定格动画的角色偶型来说，服装、配饰通常是单独制作出来，然后缝制或固定在偶型身体上面的（如图4-84）。

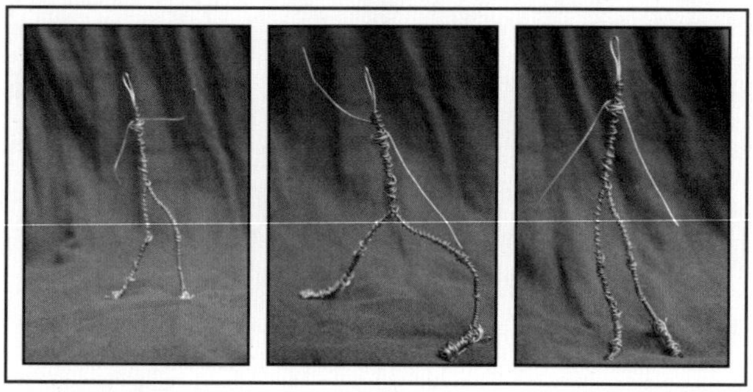

图4-79 用金属丝制作的人物骨架

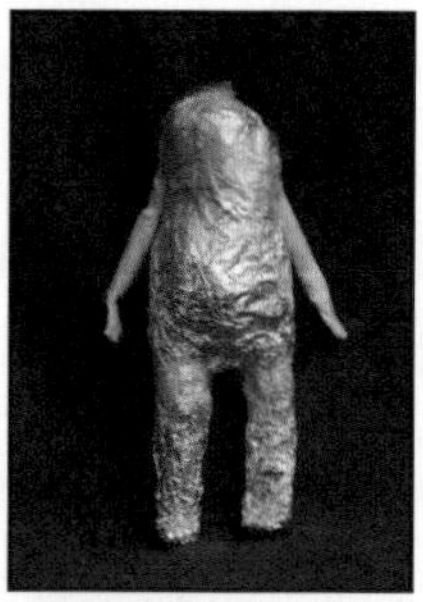

图4-80 用软纸和锡纸制作的填充型骨架

图4-81 可动偶型

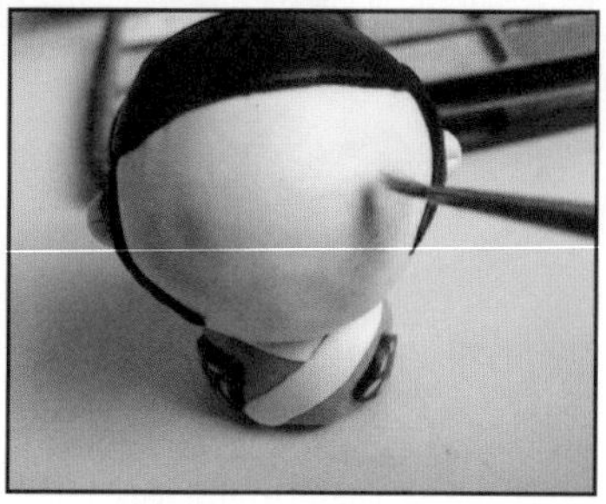

图4-82 用腮红着色

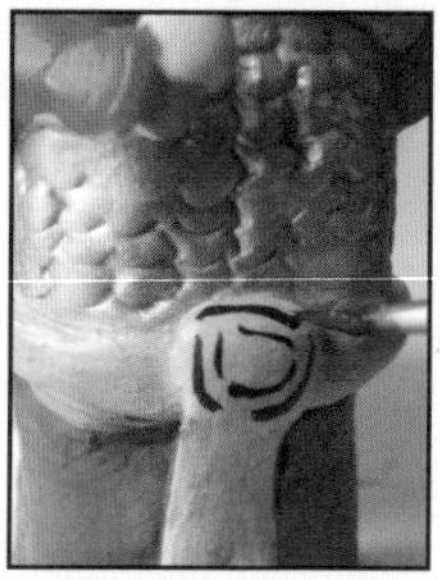

图4-83 用丙烯着色

4.3.7 动手做

尝试为一个动画人物角色造型制作一个静态雕塑。这里选用精雕油泥制作动画人物黄香的模型。通过这个制作实例，可以了解动画雕塑基本的塑造过程与着色方式。

制作前应该根据动画片的角色设置及要求绘制草图（如图4-85）。

接下来将支撑的骨架固定好，可以用专门的金属支架，也可以将骨架固定在工作转盘或工作台上面（如图4-86）。

根据草图塑造出大致形体（如图4-87至图4-89）。此实例选用了精雕油泥制作，可以用吹风机适当加热后再开始塑形。

运用添加与削减的方法塑造形体的凹凸起伏并进一步塑造细节（如图4-90至图4-93）。

接下来塑造手臂及手部细节（如图4-94至图4-99），要特别注意手部的解剖结构。

整体完成后用丙烯着色。丙烯的干湿度要适当，以便使着色均匀（如图4-100至图4-105）。用毛笔给人物面部着色后再描绘五官、头发及服饰细节。

图4-84 用布缝制的可动偶型的服装

图4-85 动画角色的草图

图4-86 将骨架固定在工作转盘上

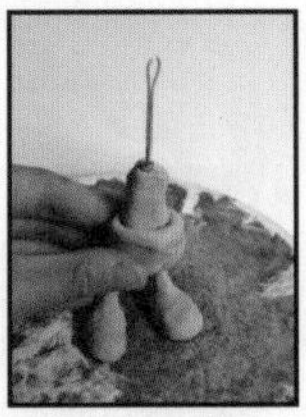

图4-87 包裹油泥

图4-88 进一步塑造

图4-89 深入塑造

图4-90 添加头部

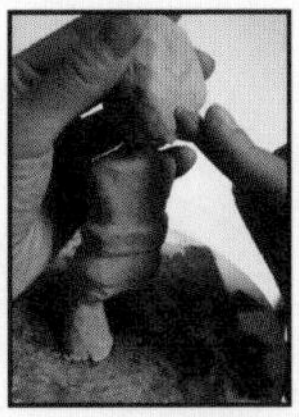

图4-91 适当削减

图4-92 进一步塑形

图4-93 塑造五官

图4-94 插入铁丝制作手臂

图4-95 做好手臂

图4-96 进一步整理

图4-97 整理细节

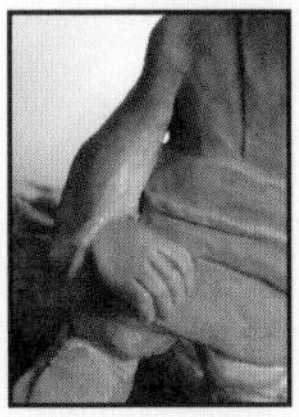

图4-98 塑造手部细节

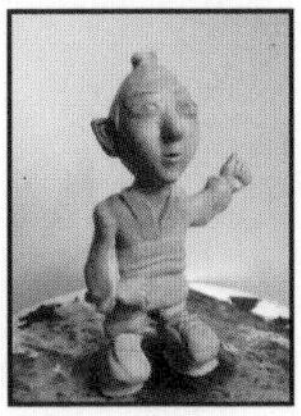

图4-99 完成图

4.4 场景及道具的制作

如前文所述，定格动画的拍摄方式接近于实景拍摄，动画角色需要各种背景及道具进行烘托。因为室外的自然光始终处于变化之中，一般情况下我们需要搭建室内拍摄的场景，制作各种景观、陈设物、道具等。在制作之前首先应该搭建一个牢固的底座，在这个底座上放置制作好的各种景观、道具以及光源（图4–106）。底座必须用板材来做，其固定的方式尤为关键。有的底座配备磁铁，更方便动画人偶的固定。底座也应该有便于拍摄的舒适高度，并且必须十分牢固。

4.4.1 景观的创造

此处的景观是指虚拟的某一个时空的环境，如春天的草坪、远处的山峦、建筑物、河流、树木等等。

景深的创造需要通过绘画的方式来表现（如图4–10），远景可以采用一点透视的绘制方式以加强景深效果。

4.4.2 内部陈设及道具的制作

定格动画拍摄的近景很多是类似于家居室内的环境，需要制作出各种墙面、家具和各种道具。陈设及道具的制作考验的是创作者的手工制作能力，如果熟悉板材、面材的加工方式会方便很多，如果熟悉纸艺、布艺的制作对道具的制作也会有很大帮助。商店里面出售的娃娃屋的家具，如小板凳、小桌子等现成品也可以直接拿来作为道具。下面是一个小场景的制作实例。

首先，要先绘制场景草图（如图4–108）。

图4-100 雕塑整体完成效果

图4-101 用丙烯着色

图4-102 绘制服装的色彩

图4-103 绘制细节

图4-104 给脸部着色

图4-105 完成图

图4-106 拍摄定格动画所用的底座

图4-107 外部景观

图4-108 场景草图

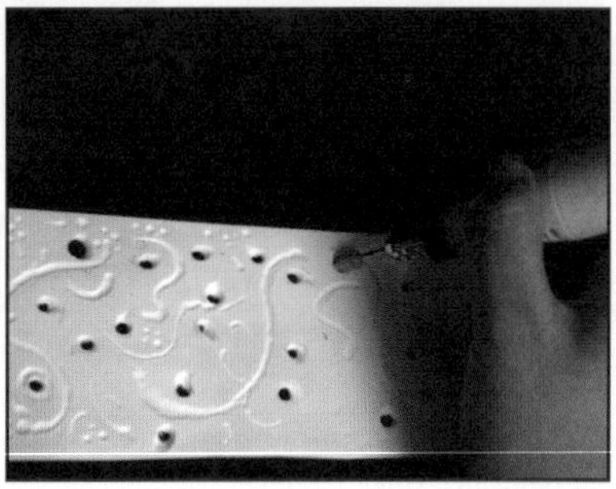

图4-109 用小电钻雕刻出纹饰

图4-110 着色后将PVC板固定在做好的小床上

用PVC或KT板制作一张床，在板材上用小电钻雕刻花纹并刷上丙烯颜料（如图4-109和图4-110）。

在两侧用白乳胶粘上亚麻布，有时也可以利用缝纫机完成缝纫的环节（如图4-111至图4-113）。

手工缝制用东北土花布制作的小被子（如图4-114）。

将废弃的硬纸盒裁切成条状并粘贴在板材上，刷上丙烯颜料制作成地板（如图4-115）。

把普通的白纸抓皱后展开贴在板材上并刷上浅黄色的丙烯制作成墙面（如图4-116）。墙面的效果有时可以直接利用各种家装用壁纸或特殊纸材来完成。

有窗户的话，需要在墙面上挖切出窗户的形状再加上窗框等（如图4-117）。

用粘土制作各种器皿道具（如图4-118至图4-120）。在定格动画的拍摄中需要很多与实际物体造型相似但尺寸缩小很多的道具，有时需要我们动手制作。图4-118中的小罐子就是用粘土制作完成的，这里简单介绍一下制作步骤。

图4-111 在床两边贴上亚麻布

图4-112 用缝纫机缝制床单

图4-113 固定缝纫好的床单

图4-114 手缝小花被

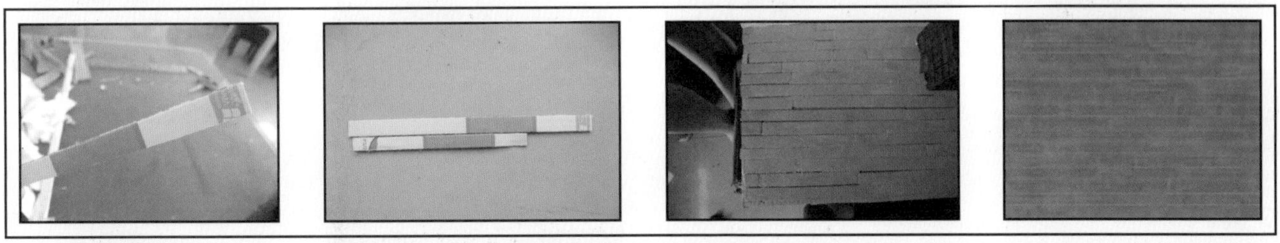

图4-115 制作地板

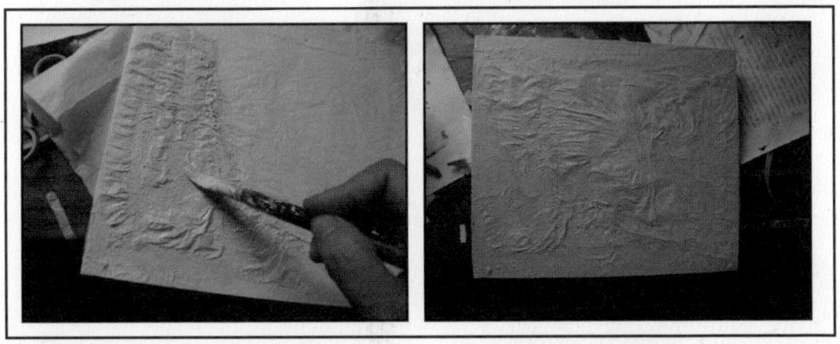

图4-116 制作墙面

图4-117 制作窗户

图4-118 用油泥制作的器皿

图4-119 用软陶制作的器皿

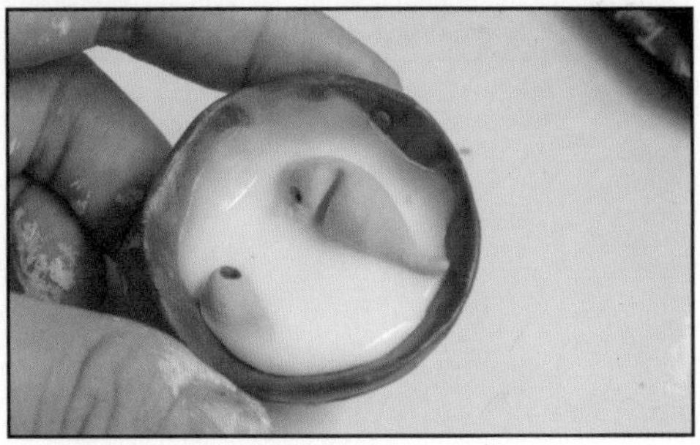

图4-120 用液态软陶制作的特殊效果

将软陶泥加工柔软后搓揉成球体或椭球体，用大拇指从中心压入并逐步按压成罐形（如图4-121至图4-123），将罐子边缘捏紧并用刀片切掉，再用手仔细地整理（如图4-124至图4-126），在罐口边缘增加泥条并不断地调整器皿的整体造型（如图4-127至图4-130），在整理好造型的器皿上刻上花纹并烤干（如图4-131和图4-132），对器皿表面进行处理（如图4-133），如果想要做出一种类似砂罐的特殊质感，可以在烘烤后的软陶器皿表面刷上一层薄薄的丙烯颜料，然后用棉布擦拭即可获得做旧的特殊质感效果（如图4-134和图4-135）。

图4-121 基础造型是球体

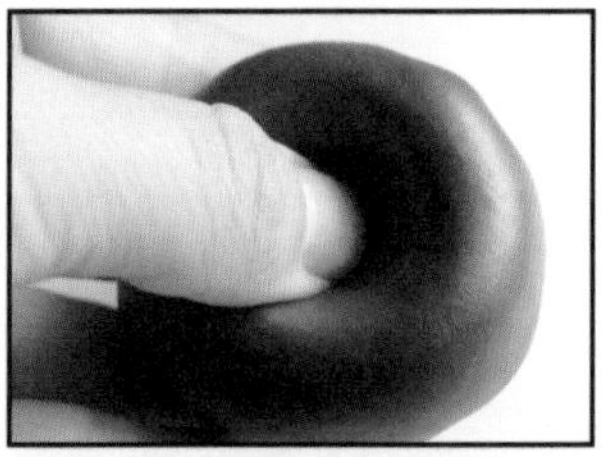
图4-122 用手指慢慢挖进去

图4-123 用手慢慢捏塑出深度

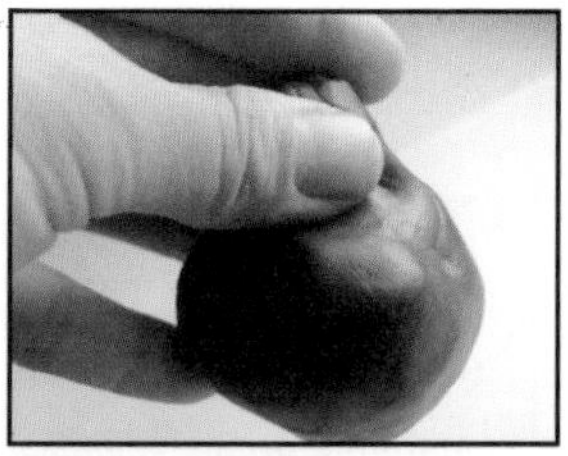
图4-124 将口合上

图4-125 再切掉口上多余的泥巴露出里面的底

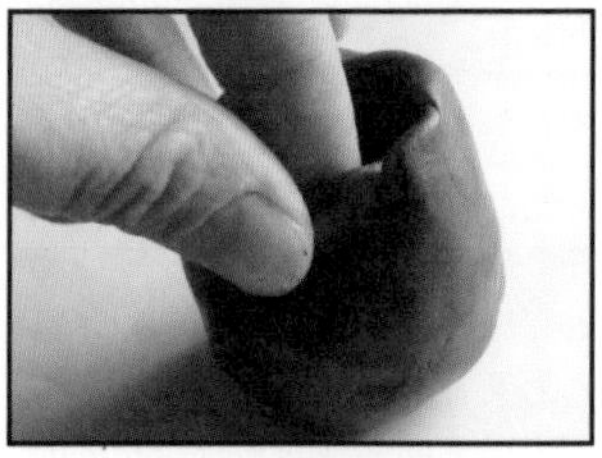
图4-126 再次用手慢慢捏塑

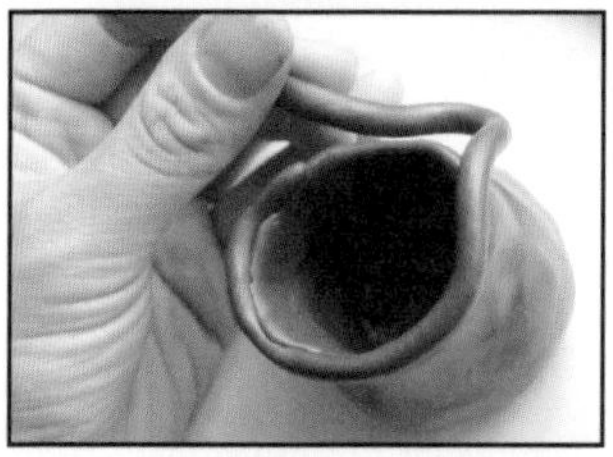
图4-127 在罐口上均匀地加上一圈泥条

图4-128 整理泥条

图4-129 整理罐子内部

图4-130 罐子的整体造型

图4-131 用锥子雕刻花纹

图4-132 烘烤后的效果

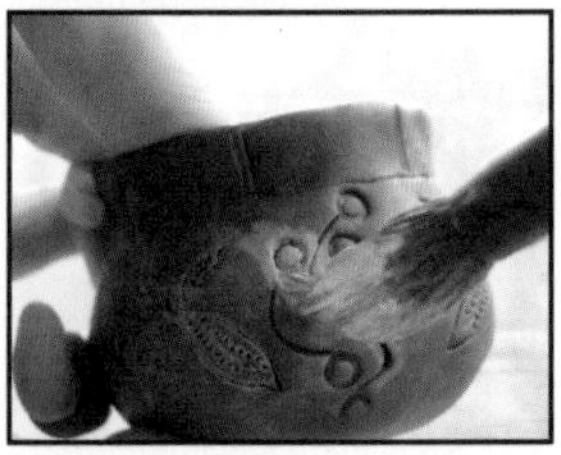
图4-133 刷上丙烯

图4-134 用布轻轻擦

图4-135 完成图

用透明拷贝纸做窗纸并装饰红色剪纸（如图4−136）。
用瓦楞纸制作斗笠的形状，然后刷上丙烯和亮漆，穿上麻绳（如图4−137）。
用各种道具搭建出场景，可以打上灯光观察效果（如图4−138）。

图4-136 制作窗花

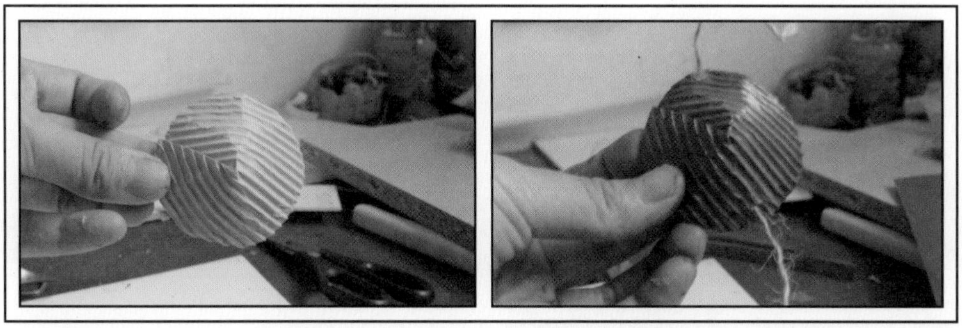

图4-137 斗笠的制作

图4-138 完成后打上灯光的效果

4.4.3 光源的固定

定格动画在拍摄中大部分采用稳定的室内光源，各种灯光及其造成的投影可以用来烘托拍摄环境的气氛。光源的固定对定格动画的拍摄而言十分重要，因为定格动画是逐帧拍摄，一旦光源移动就必须重新开始拍摄，从而影响拍摄进程。

室内光源可以通过射灯、台灯、手电筒灯泡、LED灯泡等获得，线路等布设完成后可以用耐高温的胶布固定好电线及灯泡（如图4-139），在拍摄过程中，对暴露的灯泡需要进行遮挡与隐蔽（如图4-140）。

光源根据被拍摄对象的受光角度不同可分为：顶光、侧光、逆光（如图4-141）、脚光。

光源根据作用可分为主光源、辅助光、轮廓光。主光源用于照亮场景和角色，辅助光用于调整整体的光影平衡，轮廓光则可以更多的突出角色造型的轮廓并营造出冷光和暖光的效果（如图4-142）。

图4-139 用胶布固定侧光源

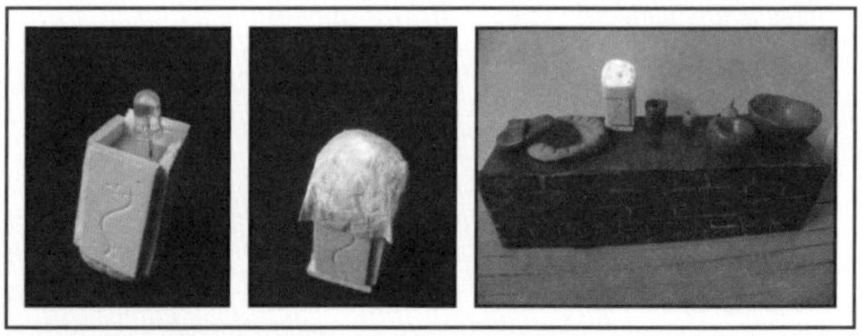

图4-140 配有蓄电池的小灯泡及其被遮挡后的发光的效果

图4-141 逆光（左）及侧光（右）的效果

图4-142 冷光（左）及暖光（右）的效果

课后练习

用油泥或雕塑泥练习制作一个角色造型，可以选取前面已经完成的设计草图进行制作，也可以重新构思绘制草图再制作。

CHAPTER 5

动画雕塑作品实例讲解

本章将对各种动画角色的静态造型、动态偶型，动画片的场景、道具的制作实例进行详细介绍，对每个实例的制作步骤进行具体分析，并详细说明动画雕塑作品的制作方法、制作技巧及制作时的注意事项。

本章重点：动画雕塑静态造型的制作
定格动画动态偶型的制作
定格动画场景景观的制作

5.1 静态动画雕塑制作实例

本章节主要介绍用可烘烤的粘土制作的可成型的静态雕塑作品，这些作品易于保存，是可供欣赏的小型雕塑作品。

首先我们介绍几个比较简单的静态雕塑作品（如图5-1、图5-2和图5-3），帮助初学者掌握其基本的制作方法，然后通过《戴厨师帽的小仓鼠》等实例逐步过渡到复杂造型的制作（如图5-4至图5-6）。

5.1.1 简单造型的动画雕塑制作

下面以《柠檬娃娃》和《草莓娃娃》的制作为例，介绍如何用手捏塑出简单的几何造型，从而学习球体的拉伸变形等操作方法。

图5-1《柠檬娃娃》

图5-2《草莓娃娃》

图5-5《雷龙》

图5-3《戏曲娃娃》

图5-4《戴厨师帽的小仓鼠》

图5-6《镶金牙的提包客》

实例 1 柠檬娃娃

柠檬娃娃以柠檬造型为基础，并对其进行了适当的拟人化处理。

① 先画出草图（如图5-7）。

② 用锡纸做出内部填充及支撑造型（如图5-8），然后包裹柠檬色的软陶泥（如图5-9）。

③ 用手指按压、拉伸做出柠檬的造型（如图5-10和图5-11）以此作为柠檬娃娃的身体。

④ 在做好的身体下方扎入铁丝作为脚部骨架（如图5-12），然后在铁丝外面包裹上软陶泥（如图5-13）。

⑤ 为了不让铁丝露出来，可以在脚底加一层厚泥片做出脚的造型（如图5-14）。

⑥ 塑造面部，首先用搓好的小球体做出鼻子装在柠檬娃娃的脸部中央，然后用锥子刻画出眼睛和嘴巴的线条（如图5-15）。

⑦ 用柠檬色软陶泥与绿色软陶泥做渐变效果（如图5-16），并将做好的渐变色泥片贴在柠檬娃娃的头顶用作装饰。进一步刻画面部五官细节（如图5-17至图5-19）。

⑧ 制作滑板车，车轮需要制作好后单独烘烤，然后用小木棍将轮子连接起来（如图5-20）。最后用胶水将轮子粘在滑板的下方（如图5-21和图5-22）。

⑨ 烘烤完成。

图5-7《柠檬娃娃》草图

图5-8 用锡纸做出柠檬的形态

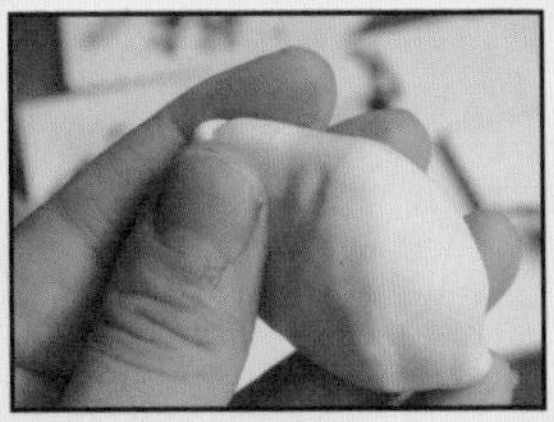
图5-9 包裹柠檬色软陶泥

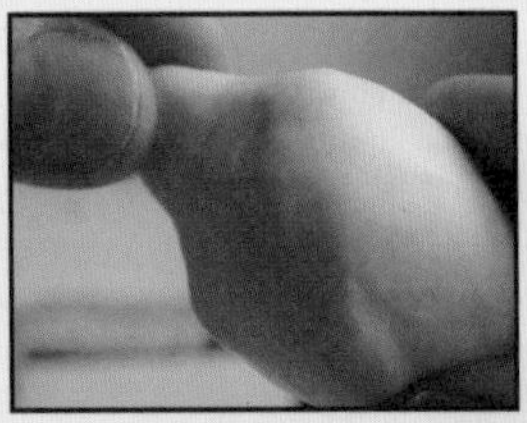
图5-10 拉伸

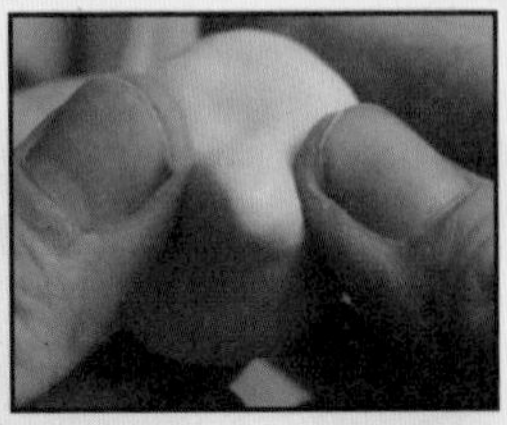
图5-11 按压

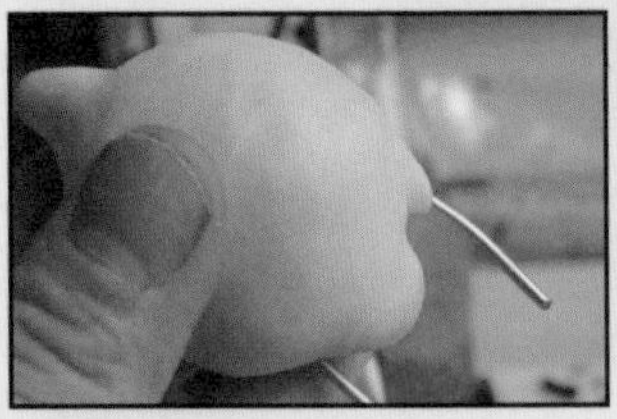
图5-12 在下方扎入铁丝

图5-13 在铁丝外面包裹软陶

图5-14 在脚底加厚泥片

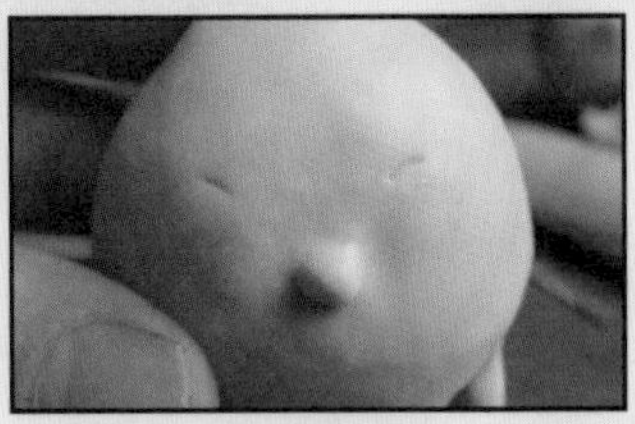
图5-15 用锥子刻画出眼睛的位置

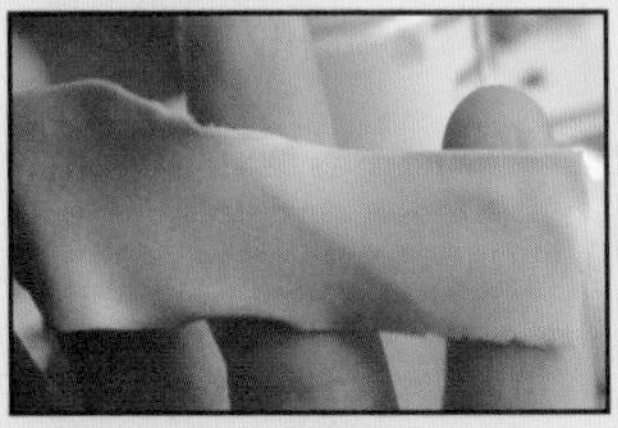
图5-16 制作好的渐变色泥片

图5-17 用锥子进一步刻画

图5-18 刻画好五官

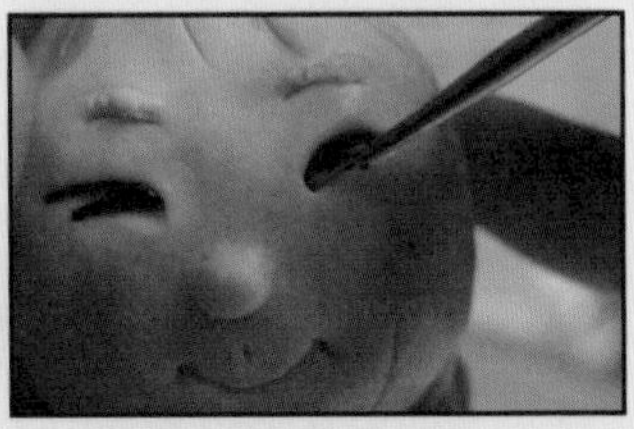
图5-19 添加细节

图5-20 单独烘烤制作的滑板车车轮和连接后的状态

图5-21 未安装轮子的效果

图5-22 装上轮子后的完成效果

实例 2 草莓娃娃

草莓娃娃造型需要将两个球体进行组合，在制作叶面时还需要用到压印的模具。这样的模具可以自己制作，也可以用现成的工具，如吸管、螺丝、铁丝网、刷子等。

① 首先画出草图（如图5-23）。

② 把锡纸揉成球状制作头部（如图5-24），在外层包裹上红色的软陶泥（如图5-25），然后将其揉搓成光滑的球状（如图5-26），最后用手指按压、捏塑成雨滴状造型（如图5-27）。

③ 把锡纸压揉成球形制作身体（如图5-28），在外层包裹上绿色的软陶泥（如图5-29）。

④ 将软陶泥搓揉光滑后在顶端正中央扎入金属丝（如图5-30），在做好的头部较尖的一头儿用锥子扎一个小眼儿（如图5-31）。

⑤ 把做好的头部安装在绿色的身体上（如图5-32），然后搓出两个大小适中的球体作为手部（如图5-33）。

⑥ 把做好的手部安装在身体两侧（如图5-34），并用工具刀在红色的头部上方压出圆形的小凹槽（如图5-35）。

⑦ 搓出黄色和绿色的泥条，并将其拧成麻花状（如图5-36和图5-37）。

⑧ 将两条麻花状泥条搓揉成球体（如图5-38），将其按压成饼状（如图5-39）。

图5-23《草莓娃娃》草图

图5-24 将锡纸揉成球状

图5-25 在外层包裹红色的软陶泥

图5-26 揉搓成球状

图5-27 制作完成的头部造型

图5-28 制作身体的锡纸球

图5-29 在外层包裹上绿色的软陶泥

图5-30 把铁丝的两头轻轻弯曲后扎入身体

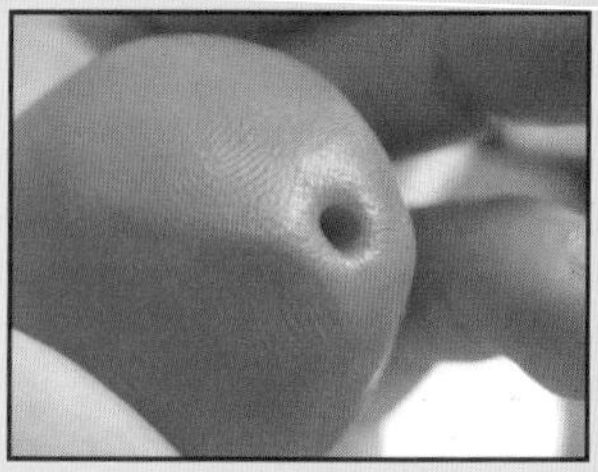

图5-31 在头部用锥子扎眼儿

图5-32 连接身体与头部

图5-33 手部是两个简单的球体造型

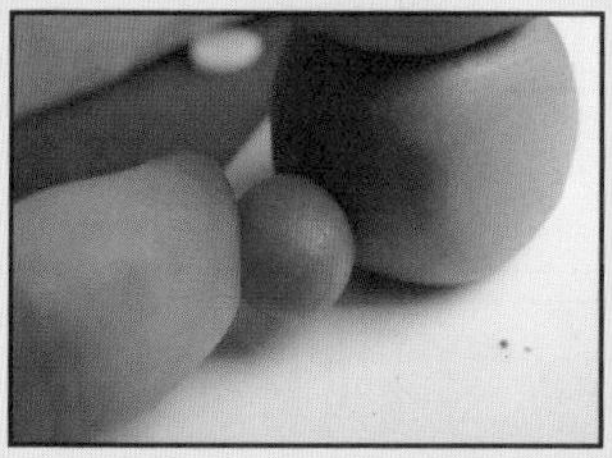

图5-34 安装手部

图5-35 在头部压出小凹槽

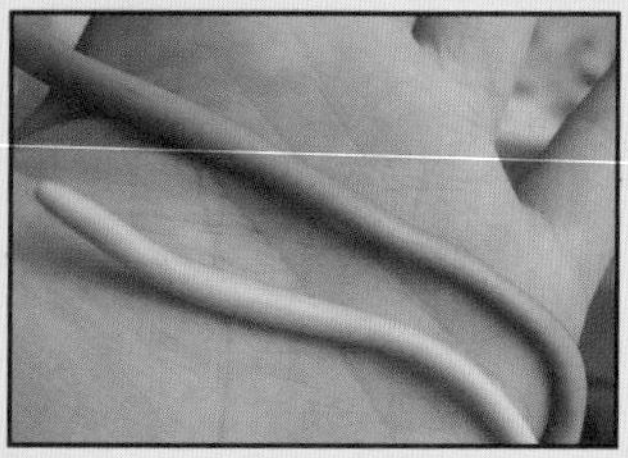

图5-36 搓出黄色和绿色的泥条

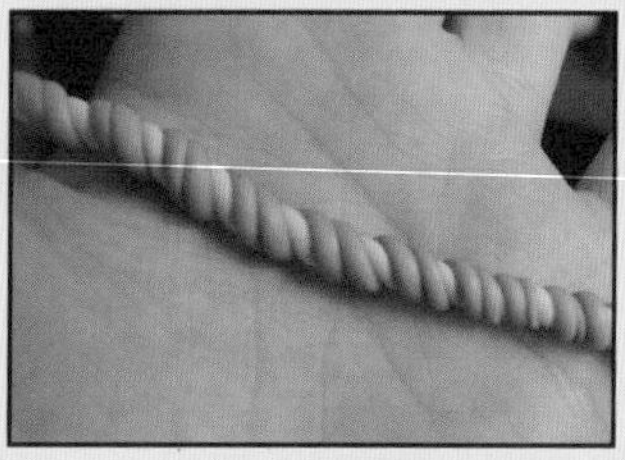

图5-37 将泥条拧成麻花状

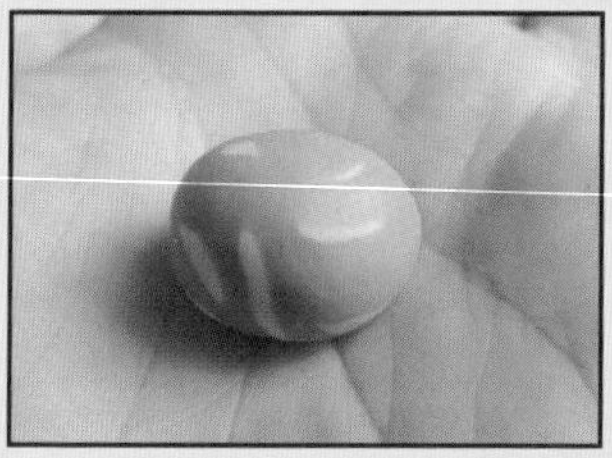

图5-38 将泥条搓揉成球状

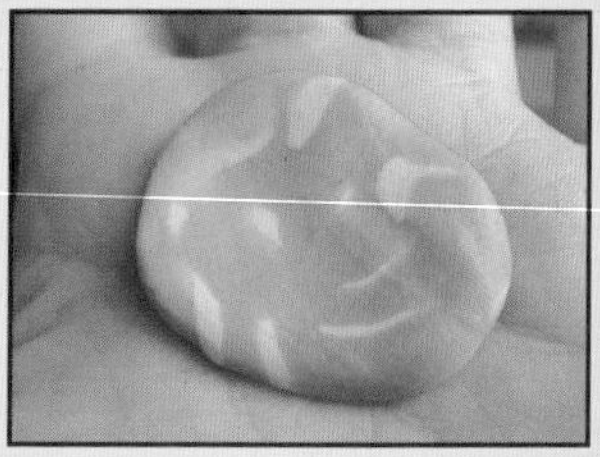

图5-39 压平

⑨ 用软陶做好的压印工具在泥饼上按压，形成有意思的肌理效果（如图5-40、图5-41和图5-42）。用剪刀将泥饼剪成萼片状（如图5-43和图5-44）。

⑩ 把萼片状泥片装在红色头部的顶端（如图5-45和图5-46），当作草莓的萼片。

⑪ 在头部顶端插入一小截儿铁丝用于固定草莓的蒂（如图5-47），然后安装草莓的蒂（如图5-48）。

⑫ 在头部靠上的部分用牙签或其他工具点上少许点状压痕（如图5-49）。

⑬ 搓出圆球状的鼻子（如图5-50），并将其安装、粘接好（如图5-51）。

⑭ 用锥子刻画出嘴巴（如图5-52）。

⑮ 贴上眼睛。因为是微笑的神态，所以眼睛是半圆形的，眼角要向下弯曲（如图5-53）。

⑯ 完成效果如图5-54。

图5-40 软陶压印工具

图5-41 压印

图5-42 压印后的效果

图5-43 用剪刀剪出萼片形状

图5-44 修剪好的萼片

图5-45 将萼片贴在头部

图5-46 整体效果

图5-47 在头部顶端扎入一小截儿铁丝

图5-48 安装草莓的蒂

图5-49 用牙签点上压痕

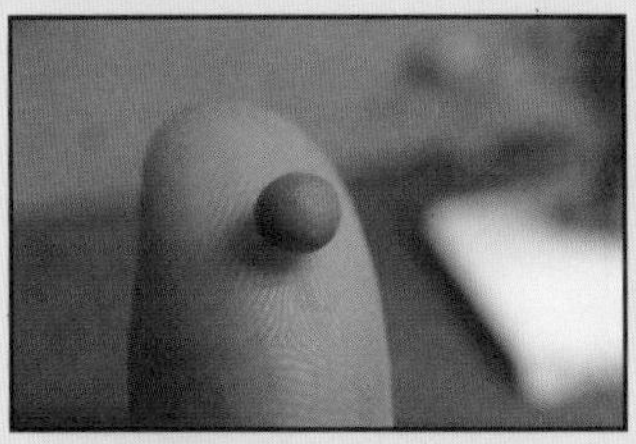
图5-50 搓出圆球状的鼻子

图5-51 粘接鼻子

图5-52 刻画嘴巴

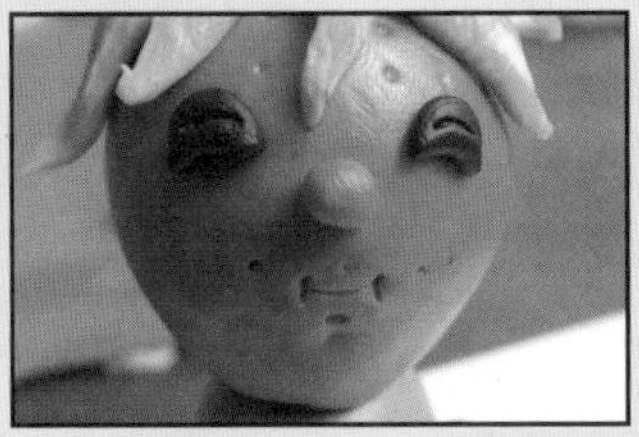
图5-53 贴上眼睛

图5-54 完成图

5.1.2 几何造型的动画雕塑制作

在简单的几何造型基础上，我们可以尝试制作一些更加复杂的造型，在下面这个《戏曲娃娃》的制作过程中，包含了同一类型几何体的组合等。

实例 戏曲娃娃

① 制作头部。将软纸揉成一团，包裹上透明胶，然后在外面紧紧包裹上一层锡纸（如图5－55和图5－56）。
② 将白色的填充泥搓成球状作为身体，包裹上一圈浅紫色软陶泥，然后在顶端插入金属丝用于固定头部（如图5－57和图5－58）。
③ 将头部安装到身体上，注意因为里面有填充物，最好先用锥子打出一个小洞，并在与身体连接处填充一点软陶泥，使其粘接得更加牢固（如图5－59）。
④ 切割出包裹身体的泥片（如图5－60）。
⑤ 把泥片包裹在身体上，注意细节（如图5－61）。
⑥ 在头部填充物外面包裹白色软陶泥，在身体的服装上用白色长泥片贴上衣领（如图5－62）。
⑦ 在头顶贴上黑色泥片作为头发（如图5－63至图5－65）是脑后头发的效果。然后做出耳朵，并用锥子在耳朵中间压一条短线后将耳朵固定（如图5－66和图5－67）。
⑧ 把耳朵安装在头部两侧，注意从前后两个角度观察耳朵是否对称（如图5－68和图5－69）。
⑨ 在有一定厚度的圆形泥片上用刻刀刻出线条（如图5－70）。

图5-55 用透明胶包裹软纸团

图5-56 在软纸团外面紧紧包裹上一层锡纸

图5- 57 身体用肉色填充泥制作

图5- 58 插入金属丝

图5-59 安装头部

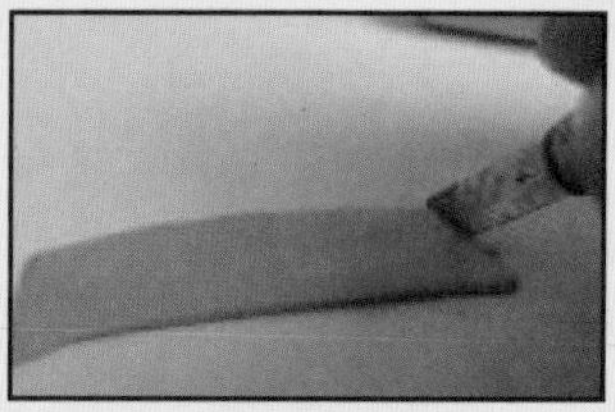
图5-60 切割出包裹身体的泥片

图5-61 包裹泥片

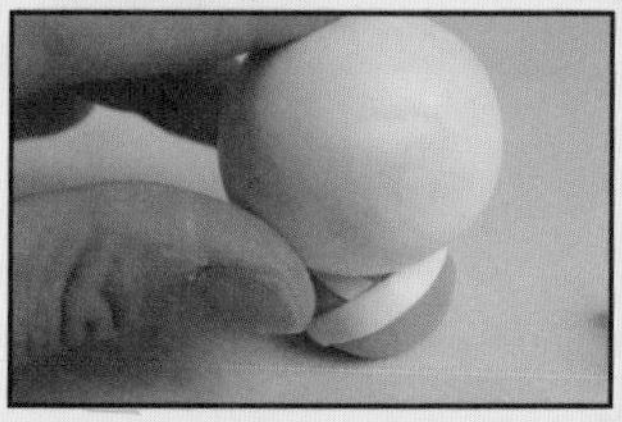
图5-62 用白色软陶泥包裹头部并贴出衣领

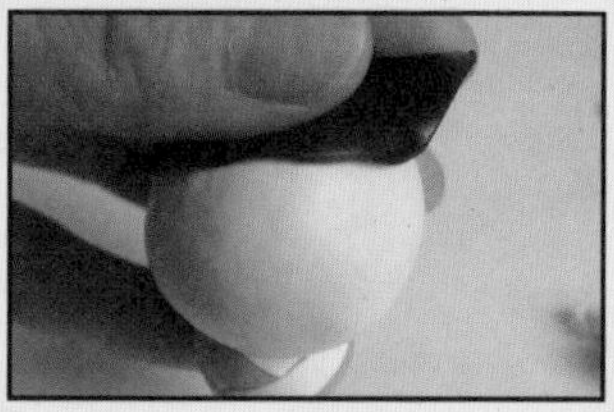
图5-63 贴上头发的泥片

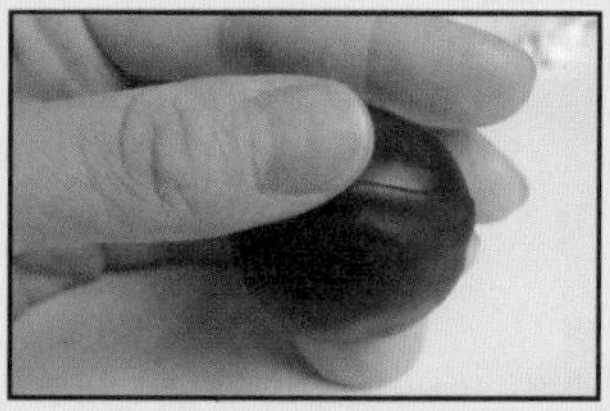
图5-64 后面的泥片贴上后要抹平接缝

图5-65 头发后面的效果

图5-66 用锥子在耳朵中间压一条短线

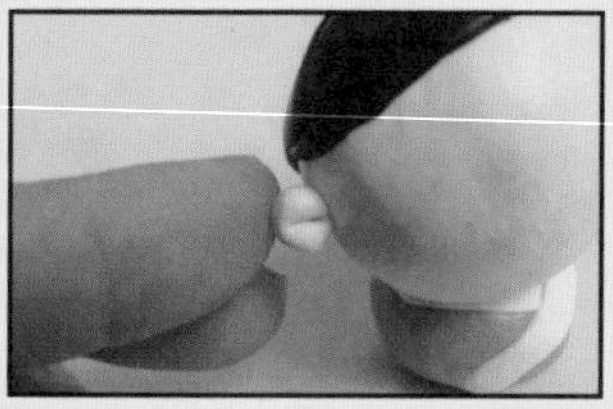
图5-67 固定耳朵

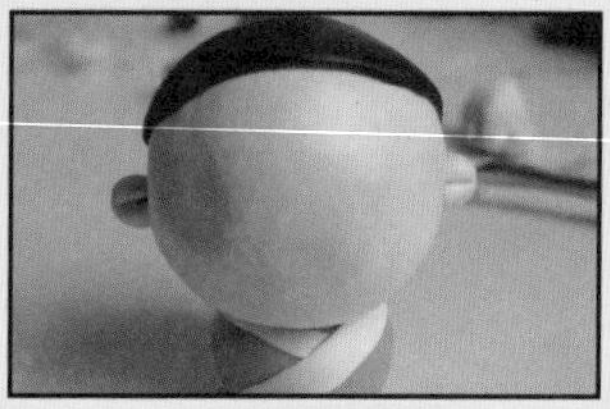
图5-68 前面

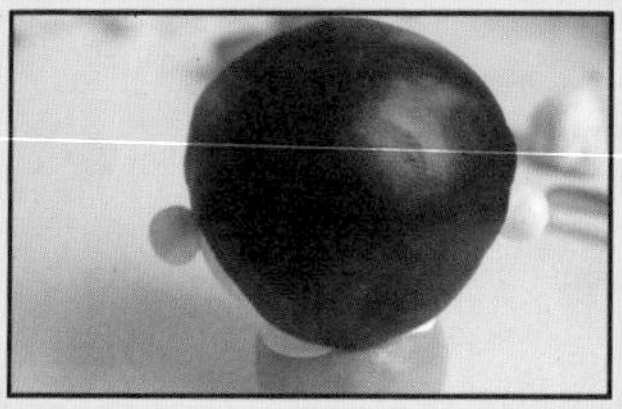
图5-69 后面

图5-70 在圆形泥片上雕刻线条

⑩ 把刻好的泥片贴在头部后面作为发髻（如图5-71）。
⑪ 接下来用一个已经做好的花条切片装饰服装（如图5-72）。
⑫ 用毛笔给娃娃的脸部均匀地刷上腮红（如图5-73和图5-74）。
⑬ 用黑色的软陶泥捏出两个大小一致的椭圆形泥片，作为娃娃的眼睛（如图5-75）。
⑭ 用锥子扎出嘴巴的位置（如图5-76）。
⑮ 将一丁点儿红色的软陶泥填充到扎好的地方，再用锥子扎一个小小的凹痕（如图5-77）。
⑯ 用小泥球来装饰头部（如图5-78、图5-79和图5-80）这里主要运用到同一类型球体的组合。
⑰ 烘烤完成（如图5-81）。

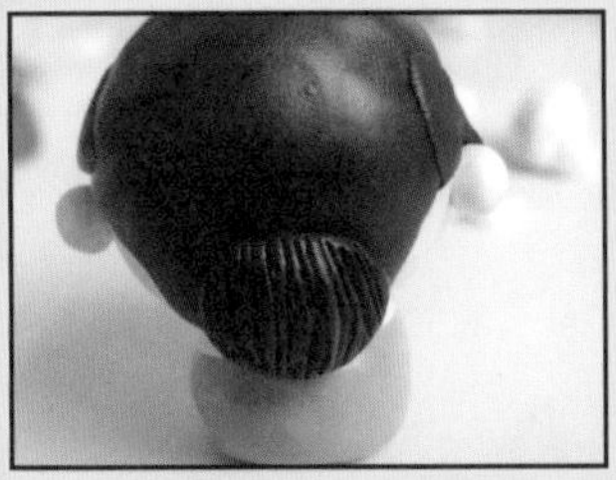
图5-71 装上发髻

图5-72 用花条切片装饰衣服

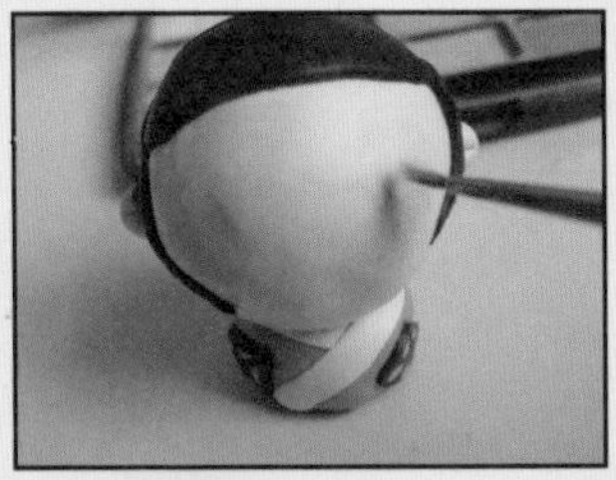
图5-73 用腮红上色

图5-74 着色后的效果

图5-75 贴上眼睛

图5-76 扎出嘴巴的位置

图5-77 用红色的软陶泥制作嘴巴

图5-78 装饰头部

图5-79 进一步装饰头部

图5-80 用黄色软陶泥制作头花

图5-81 完成图

5.1.3 复杂造型的动画雕塑制作

复杂的角色造型始终是以简单的几何造型为基础，然后运用手工捏塑、添加等手法可以使造型更加丰富，从而达到设计的要求。下面的雕塑实例就运用到了捏塑和添加等手法。

实例 1 戴厨师帽的小仓鼠

① 身体与头部都是以球体为基础造型（如图5-82），头部用工具刀进行塑形（如图5-83）。
② 用手进行捏塑，完善头部造型（如图5-84至图5-86）捏塑前应对指甲进行修剪，避免在软陶表面留下指甲印。
③ 用手指抹平指纹，然后贴上深色的泥片（如图5-87）。
④ 在头部前后贴上泥片后用工具刀按压、抹平泥片之间的接缝（如图5-88和图5-89）。
⑤ 在身体中央插入短牙签，把头部固定到身体上。在固定前可以补一点泥条在连接处，使其连接更牢固（如图5-90和图5-91）。整理造型并调整固定好的效果（如图5-92和图5-93）。
⑥ 搓出小泥球，按压成饼状泥片（如图5-94和图5-95），再压出稍小一些的的深色用圆形泥片将两个泥片贴在一起按压，制作出耳朵（如图5-96和图5-97）。

图5-82 用作身体和头部的球体

图5-83 用工具刀塑形

图5-84 利用捏塑完善头部造型

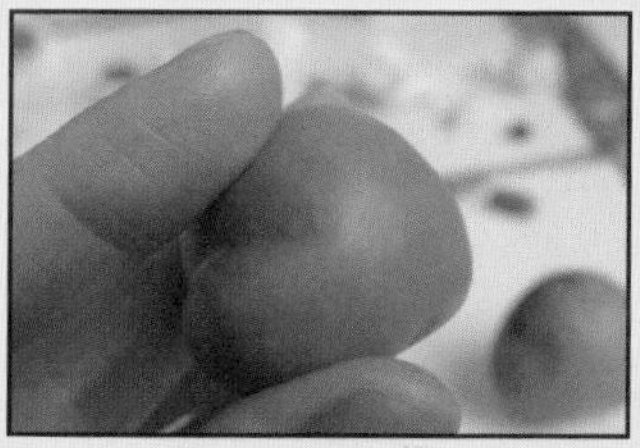
图5-85 头部的侧面基本造型

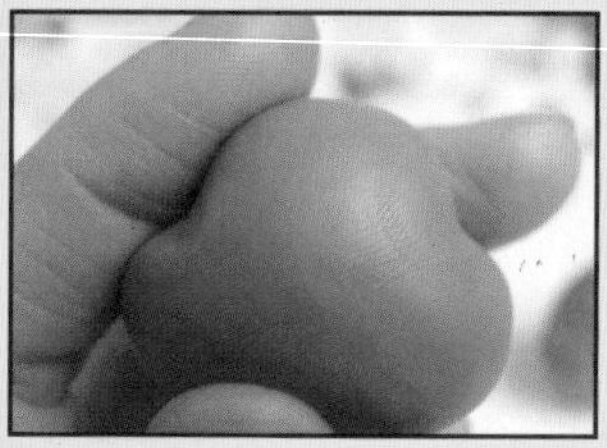
图5-86 头部的正面基本造型

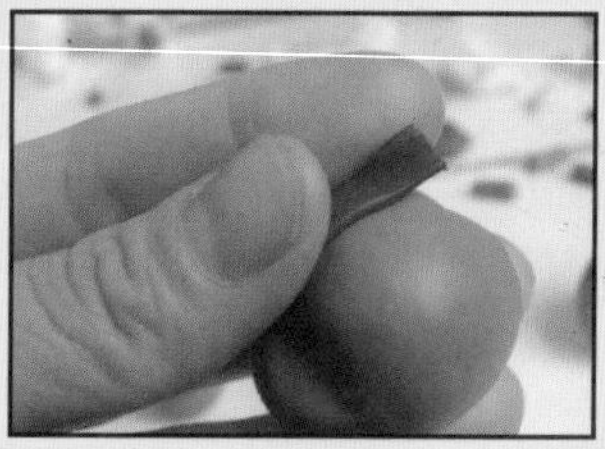
图5-87 在头顶贴上泥片

图5-88 在头部前后贴上泥片

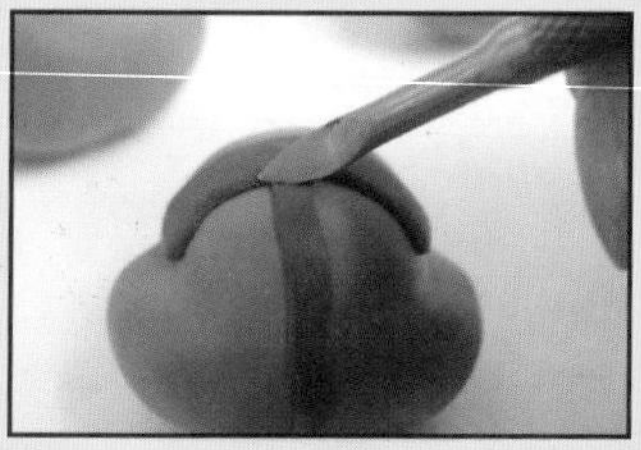
图5-89 用工具刀抹平接缝

图5-90 在身体中央扎入牙签

图5-91 连接头部

图5-92 连接上之后整理造型

图5-93 头部固定好的效果

图5-94 搓出小泥球

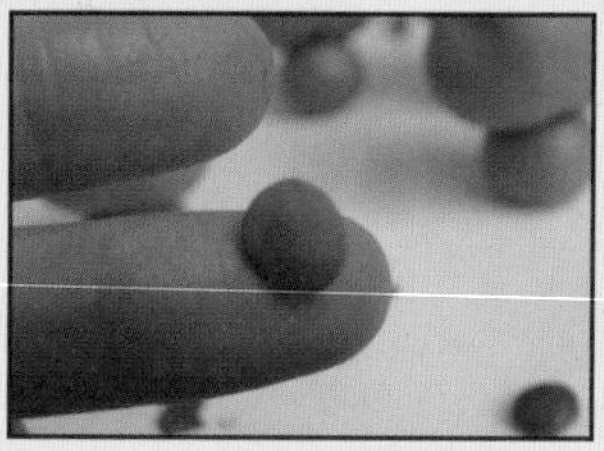
图5-95 将泥球按压成饼状泥片

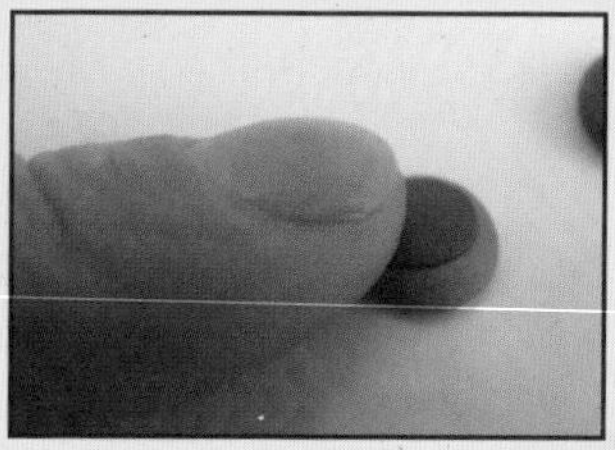
图5-96 将两个泥片贴在一起按压

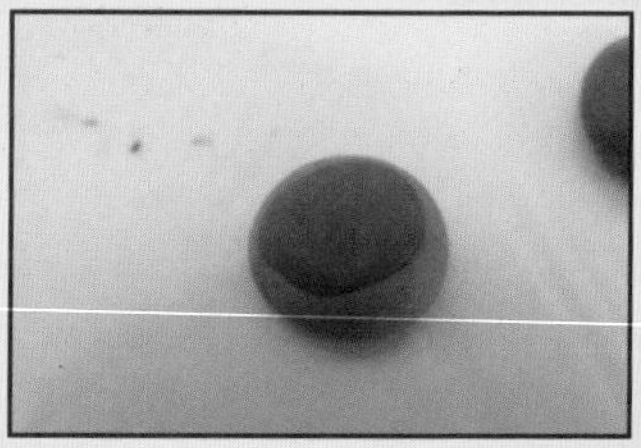
图5-97 制作好的一只耳朵

⑦ 用工具刀压出耳朵凹进去的造型（如图5-98），然后用手按压固定好耳朵（如图5-99）。
⑧ 用灰色的软陶泥捏出鼻子，安装在脸部中央（如图5-100）。在鼻子下方用锥子扎两个小孔作为鼻孔（如图5-101）。
⑨ 用工具刀压出嘴巴（如图5-102），为安装牙齿留出空间（如图5-103）。
⑩ 用白色的软陶泥制作牙齿，牙齿的造型是用刻刀切割出来的。将牙齿嵌入嘴巴中（如图5-104），并用工具刀按压牙齿使之粘贴牢固（如图5-105）。
⑪ 将椭圆形的厚泥片贴在眼部（如图5-106），用刻刀切开泥片制作眼睛（如图5-107和图5-108）。
⑫ 切开泥片，将上半部分作为上眼皮。用雕塑刀挑起上眼皮并将眼皮往外翻起（如图5-109至图5-111）。
⑬ 把白色软陶泥搓成细小的泥条塞到眼皮下面（如图5-112），然后用雕塑刀按压眼皮（如图5-113）。
⑭ 把黑色软陶泥搓成细泥条，贴在眼睛上作为眼线（如图5-114），最后贴出黑色的泥条作为眉毛（如图5-115）。
⑮ 用白色泥片包裹身体作为衣服，用锥子在衣服上扎出扣子的形状（如图5-116）。制作出手臂并安装在身体上（如图5-117）。

图5-98 用工具刀压出耳朵凹进去的造型

图5-99 用手按压固定好的耳朵

图5-100 将鼻子安装在脸部中央

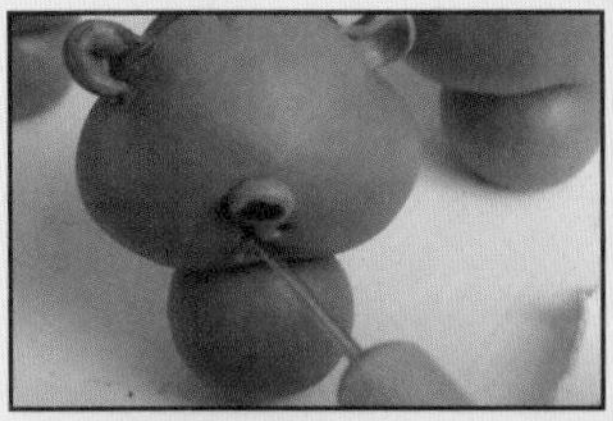
图5-101 在鼻子下方用锥子扎两个小孔作为鼻孔

图5-102 用工具刀压出嘴巴

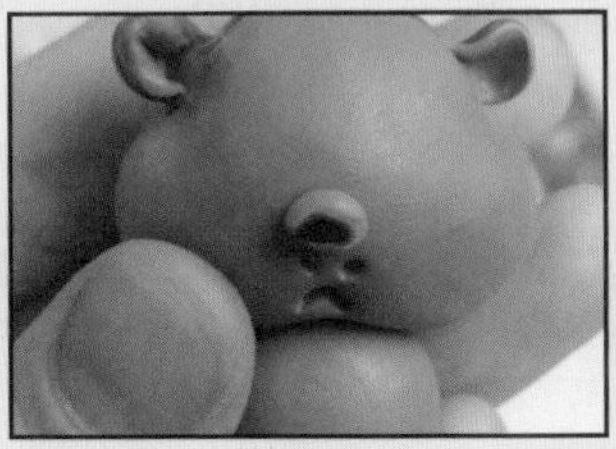
图5-103 嘴巴要压得深一些

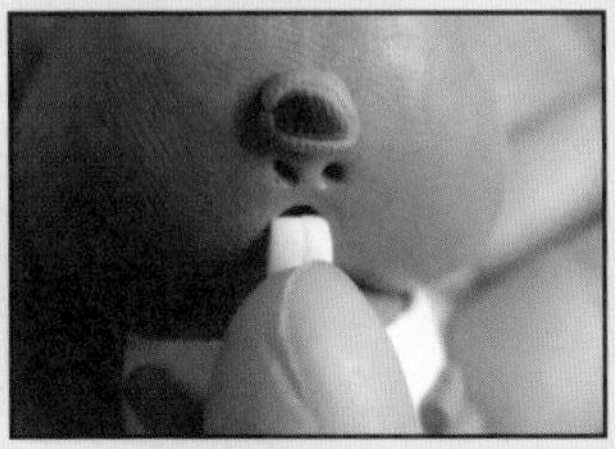
图5-104 将牙齿嵌入嘴巴中

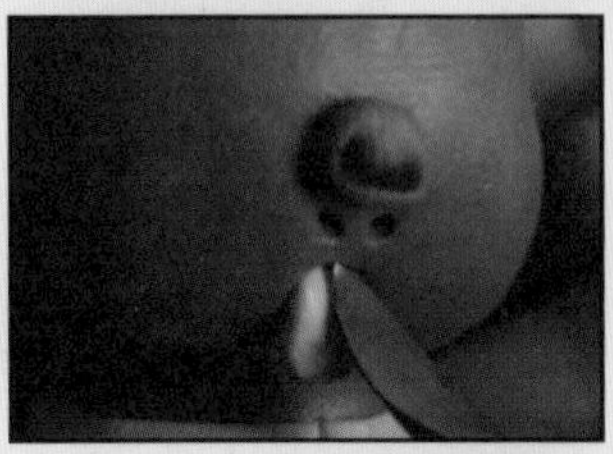
图5-105 用工具刀按压牙齿使之粘贴牢固

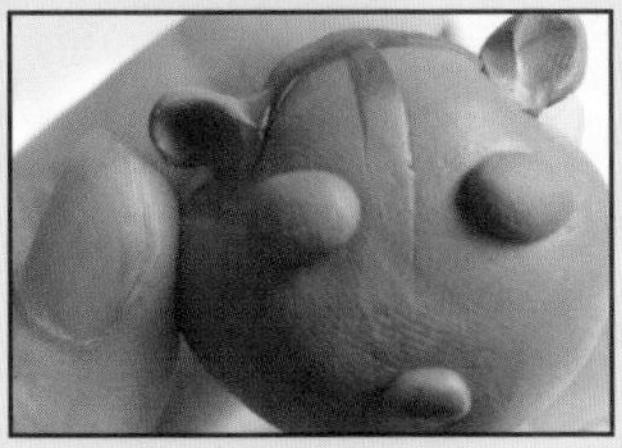
图5-106 将椭圆形的厚泥片贴在眼部

图5-107 用刻刀切开泥片制作眼睛

图5-108 切开泥片后的效果

图5-109 用雕塑刀挑起左眼的上眼皮

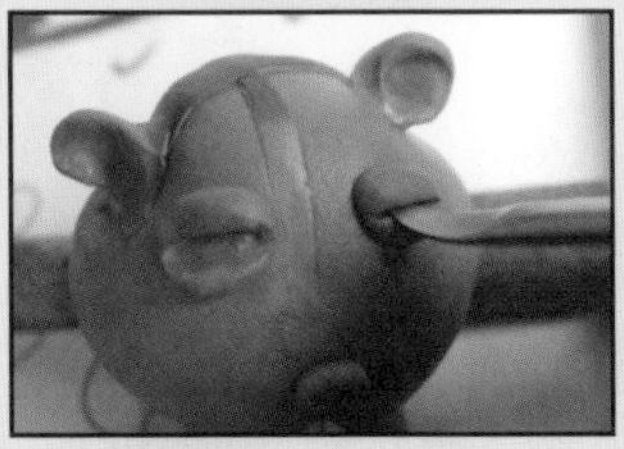
图5-110 用雕塑刀挑起右眼的上眼皮

图5-111 双眼上眼皮挑好后的效果

图5-112 在挑好的眼皮下塞入白色泥条作为眼睛

图5-113 塞好泥条后用雕塑刀按压眼皮

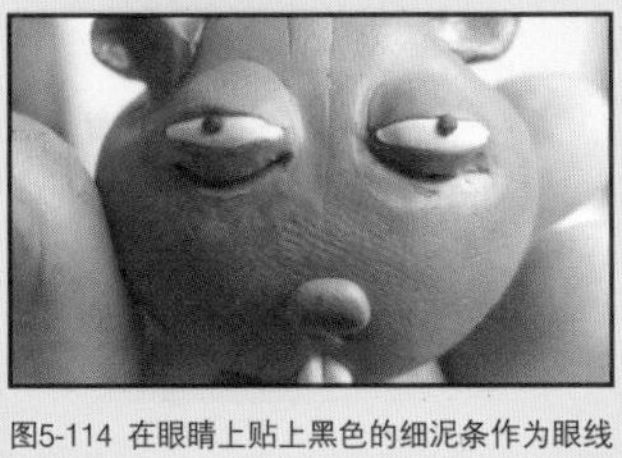
图5-114 在眼睛上贴上黑色的细泥条作为眼线

图5-115 贴上黑色的细泥条作为眉毛

图5-116 用锥子在衣服上扎出扣子的形状

图5-117 制作出手臂并安装在身体上

⑯ 搓出一个白色的椭圆形泥球（如图5－118），再在上面贴上三个小泥球（如图5－119），抹平接缝（如图5－120）作为仓鼠的厨师帽。将厨师帽粘贴在仓鼠的头部（如图5－121）。

⑰ 烘烤后，戴厨师帽的小仓鼠就制作完成了（如图5－122）。

图5-118 搓出一个白色的椭圆形泥球

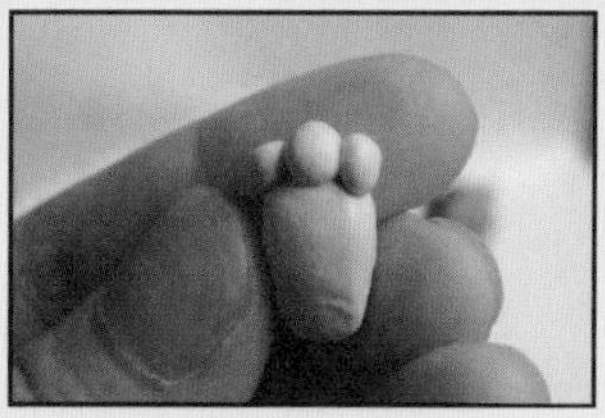

图5-119 在白色泥球上贴上三个小泥球

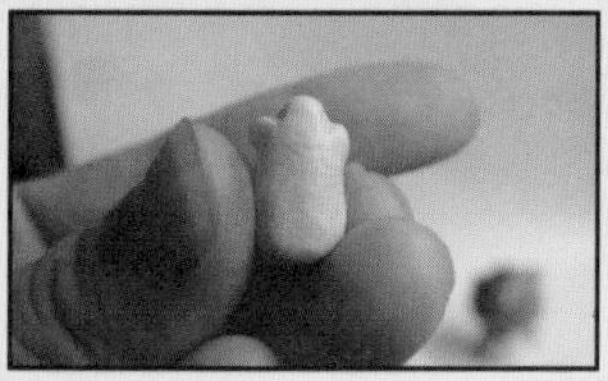

图5-120 抹平接缝

图5-121 将厨师帽粘贴在仓鼠的头部

图5-122 完成图

实例 2 雷龙

制作雷龙需要先用铁丝制作出相对复杂的骨架。雷龙的骨架具有一定的体量，需要在骨架内部填充泥材并在骨架表面大面积地包裹泥材，制作难度较大。值得注意的是，该实例中使用了花条切片进行装饰。

① 首先，画出草图（如图5－123），然后用铁丝制作雷龙的骨架。用一根较粗的铁丝作为主干骨架（如图5－124），并在上面缠绕较细的铁丝作为雷龙的四肢和身体的骨架部分（如图5－125）。

② 继续缠绕足够多的铁丝以完成骨架造型（如图5－126），同时在四肢外侧缠绕铁丝以增强骨架整体的稳定性（如图5－127）。

③ 在骨架外面包裹上一层锡纸（如图5－128），骨架内部空心的部分可以用软纸填充以丰满造型（如图5－129）。

④ 将软陶泥擀成泥片包裹锡纸（如图5－130），泥片厚度可达到2mm～4mm。包裹泥片的过程中可能会出现接缝，这时需要用手或工具刀抹平接缝（图5－131）。

图5-123《雷龙》草图

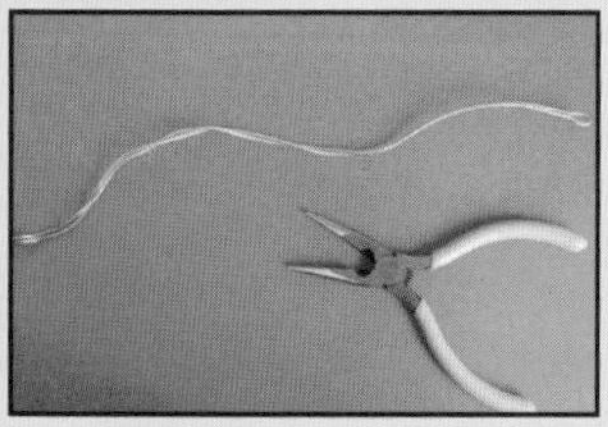

图5-124 用较粗的铁丝作为主干骨架

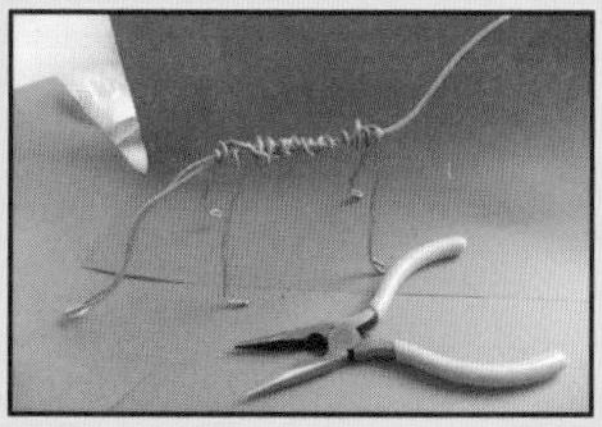

图5-125 用较细的铁丝作为四肢和身体的骨架部分

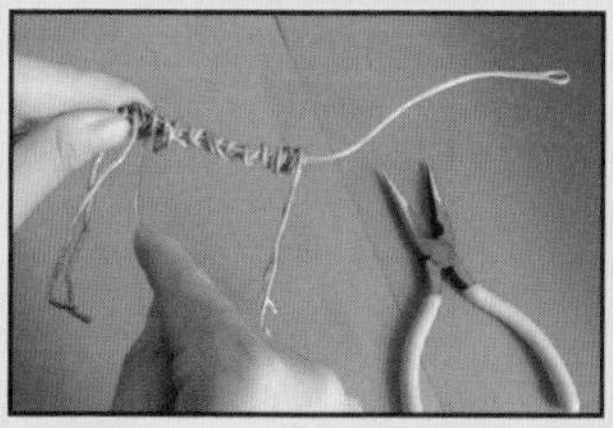

图5-126 缠绕足够多的铁丝以完成骨架造型

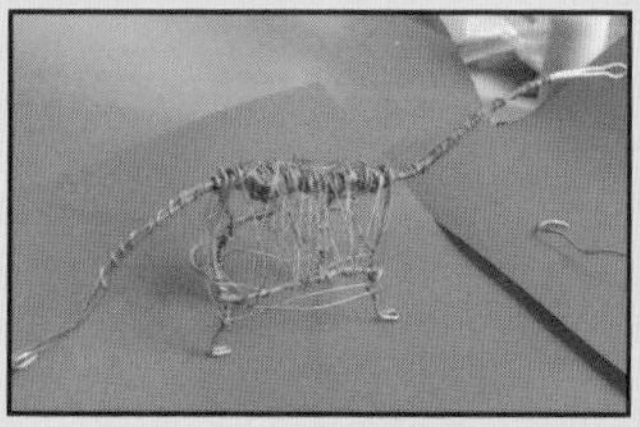

图 5-127 在四肢外侧缠绕铁丝以增强稳定性

图5-128 在骨架外面包裹上一层锡纸

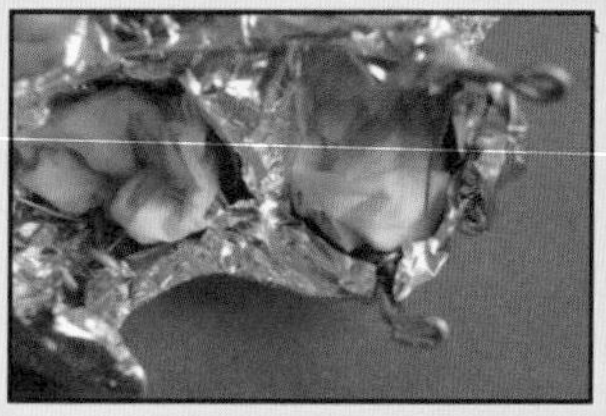

图5-129 在骨架里面填充上软纸

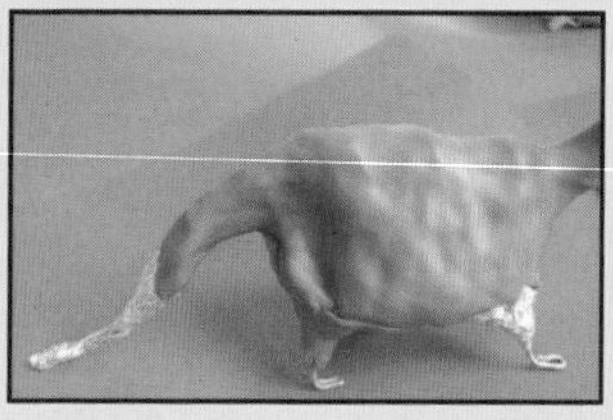

图5-130 将软陶泥擀成泥片包裹锡纸

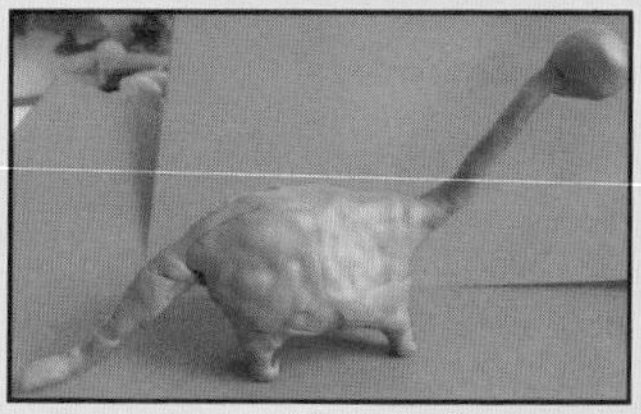

图5-131 抹平接缝

⑤ 在包裹了泥片的雷龙骨架外层不平整的地方补充泥片（如图5–132），其主要目的是确定雷龙的基本造型。然后抹平身体上的接缝，尽量按压泥片使其贴紧骨架（如图5–133）。

⑥ 仔细抹平每个地方的接缝（如图5–134和图5–135）。

⑦ 整理雷龙的尾巴和整体造型（如图5–136和图5–137）。

⑧ 压出一个圆形的厚泥片，作为雷龙的脚掌，并将其贴在雷龙的脚部（如图5–138），并将其贴到雷龙的脚部（如图5–139）。

⑨ 用刻刀刻出雷龙的嘴巴（如图5–140），注意嘴巴是有弧度的（如图5–141），然后用锥子扎出雷龙的鼻孔（如图5–142和图5–143）。

⑩ 用吸管压出眼睛的位置（如图5–144），眼睛是凹进去的，方便接下来安装眼睛（如图5–145）。

⑪ 雷龙的眼睛可以单独制作（如图5–146），烘烤后再安装在雷龙的头部（如图5–147），这样可以防止制作眼皮时眼睛发生变形。

⑫ 在眼睛上方贴上浅紫色的泥条作为雷龙的眼睑，贴在眼睛上（如图5–148和图5–149）。

⑬ 将黄色、蓝色的泥片叠在一起，包裹浅紫色的泥条，做出花条，将花条两端多出的部分去掉（如图5–150至图5–153）。

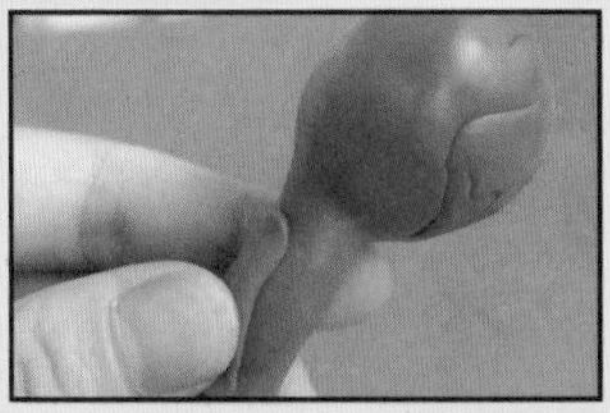
图5-132 在不平整的地方补充泥片

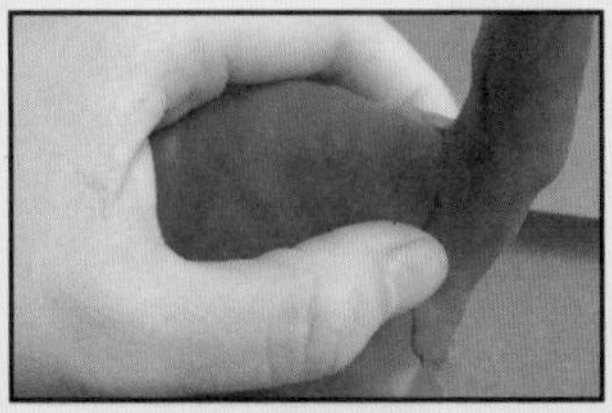
图5-133 抹平身体上的接缝

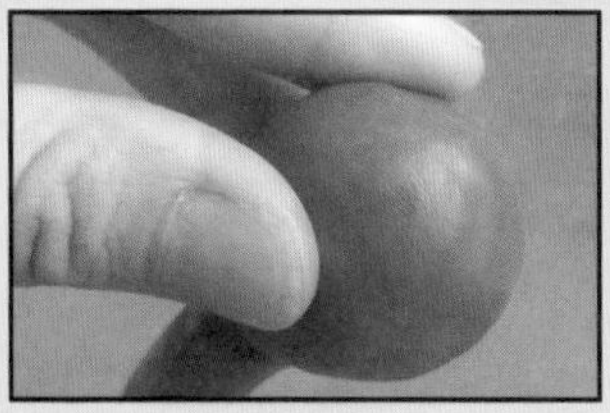
图5-134 抹平头部的接缝

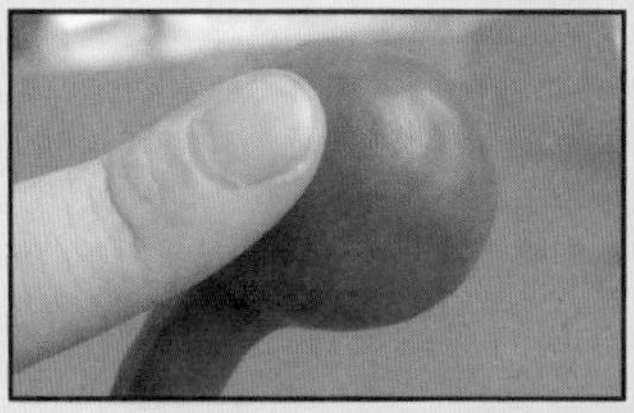
图5-135 继续抹平接缝

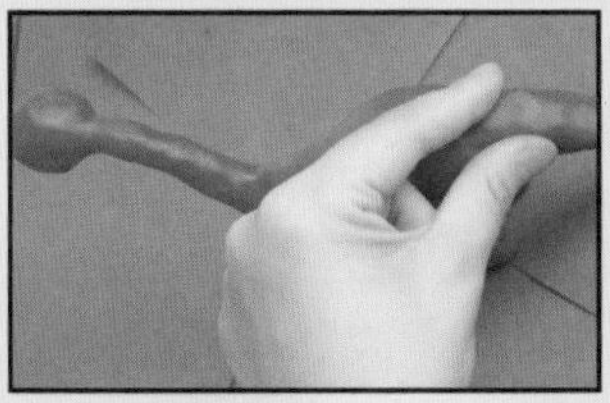
图5-136 整理尾巴的造型

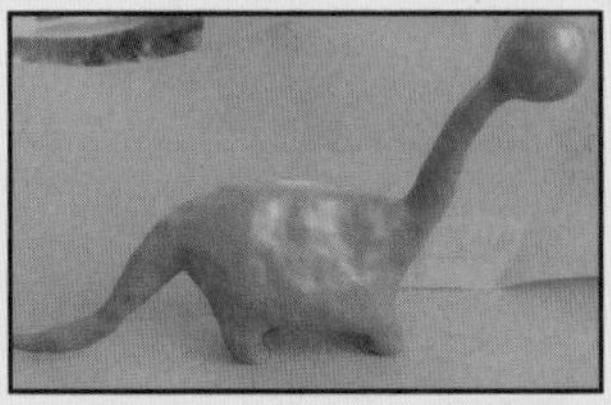
图5-137 整理整体造型

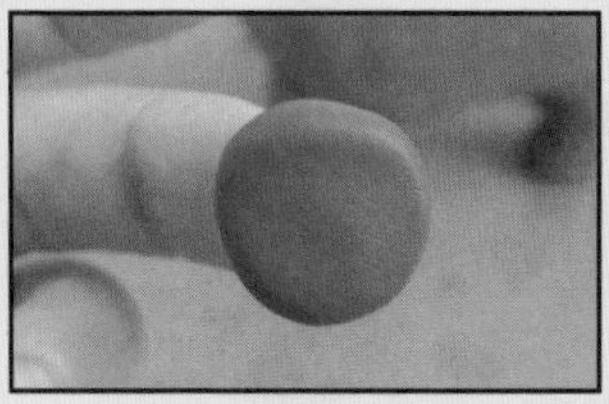
图5-138 用厚泥片作为雷龙的脚掌

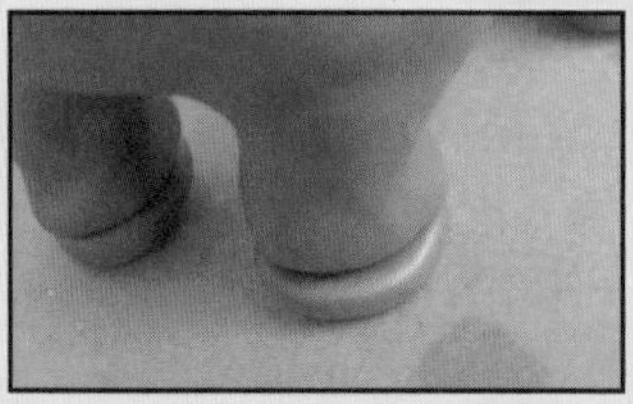
图5-139 将脚掌贴在雷龙的脚部

图5-140 用刻刀刻出嘴巴

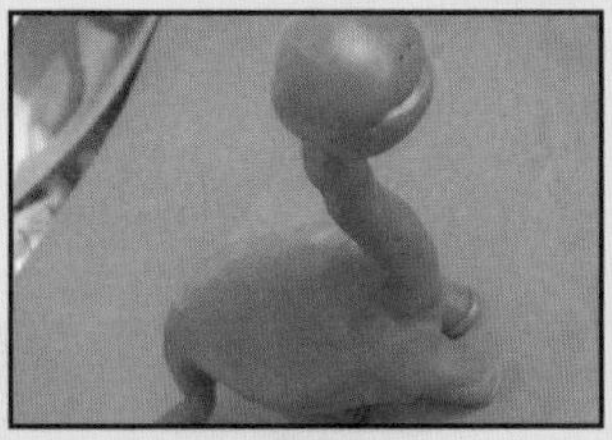
图5-141 嘴巴是有弧度的

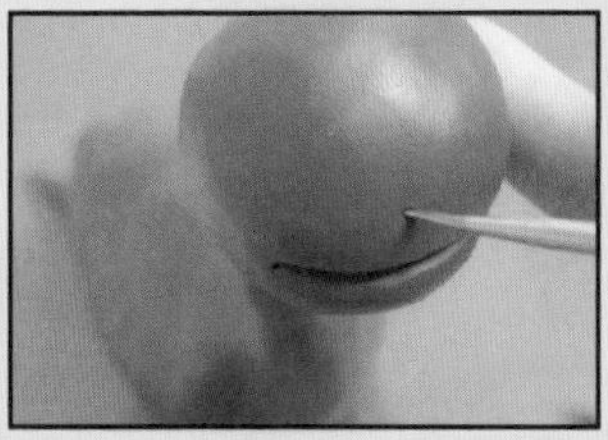
图5-142 用锥子扎出鼻孔

图5-143 鼻孔扎好后的效果

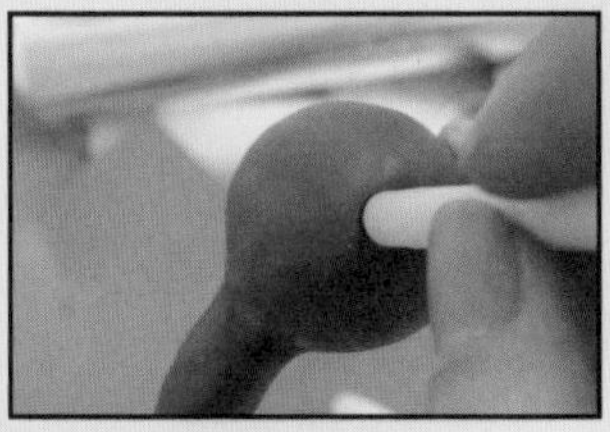
图5-144 用吸管压出眼睛的位置

图5-145 眼睛是凹进去的

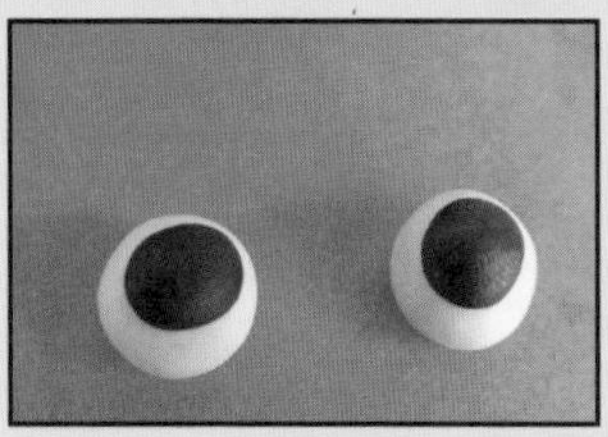
图5-146 眼睛单独制作

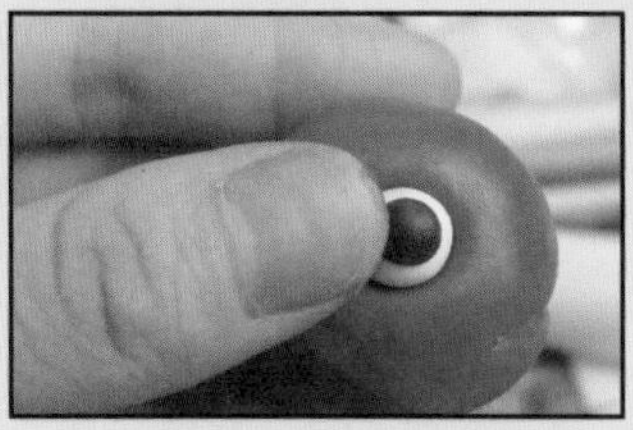
图5-147 安装眼睛

图5-148 贴上浅紫色的泥条作为眼睑

图5-149 贴上眼睑后的效果

图5-150 准备好泥条和泥片

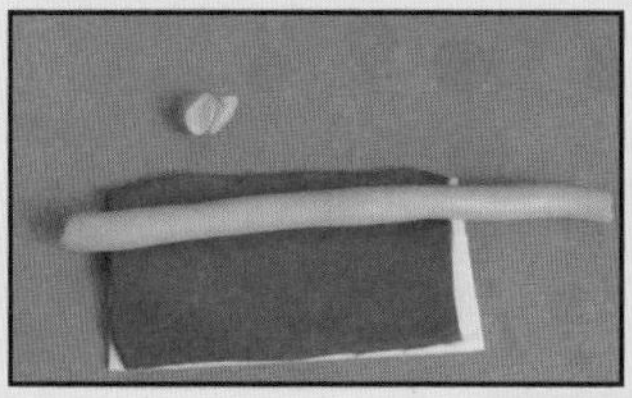
图5-151 用泥片包裹泥条

⑭ 将制作好的花条用瓷砖按压成方形（如图5－154和图5－155 ）。
⑮ 将花条切成薄片并装饰到雷龙的身体上，注意装饰的比例和渐变变化（如图5－156至图5－161）。
⑯ 将一个圆形的白色泥块进行多次切割，切出三角形的切块，作为雷龙的牙齿（如图5－162），将牙齿贴到雷龙的嘴巴上（如图5－163）。
⑰ 烘烤后，一个雷龙玩偶就算完成了（如图5－164）。

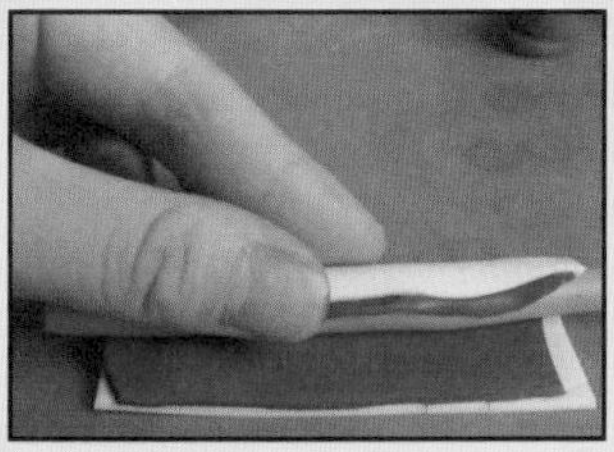
图5-152 用泥片将泥条包裹紧实

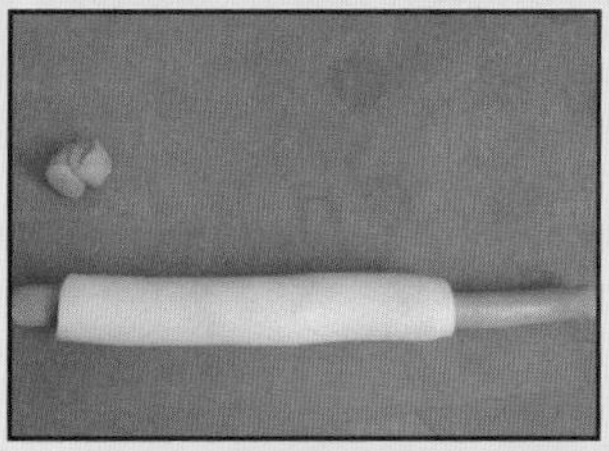
图5-153 去掉花条两端多出的部分

图5-154 用瓷砖按压花条

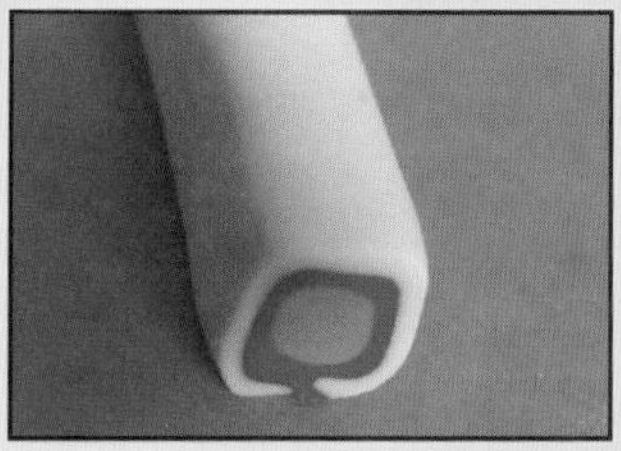
图5-155 方形的花条

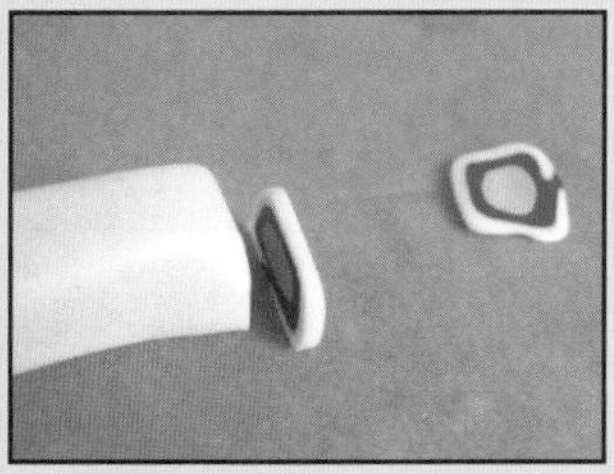
图5-156 将花条切成薄片

图5-157 在雷龙背部贴上花条切片

图5-158 按照一定的规律继续贴上切片

图5-159 雷龙背部贴上切片后的效果

图5-160 贴上切片的雷龙侧面效果

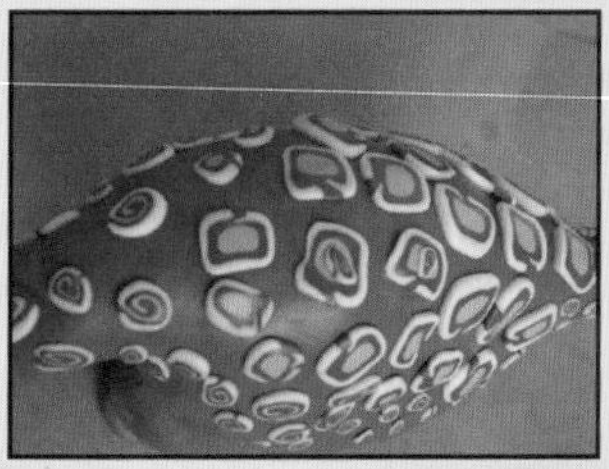
图5-161 贴上切片的雷龙俯视效果

图5-162 三角形的牙齿

图5-163 将牙齿贴到雷龙的嘴巴上

图5-164 完成图

5.1.4 漫塑风格的动画雕塑制作

《镶金牙的提包客》表现的是一个漫画风格的人物形象，该实例的制作难点在于人物整体结构的塑造和手部细节的塑造，捏塑、添加等雕塑手法在这里得到了进一步应用。

实例 镶金牙的提包客

① 用白色软陶泥搓出一个椭圆形，进行适当的变形后作为人物的头部（如图5−165）。用刻刀刻出脸部中心线的位置，方便随后五官的刻画（如图5−166）。

② 用刻刀刻出嘴巴的位置（如图5−167），进一步塑造嘴巴的造型（如图5−168）。

③ 捏出一个三角形的泥块，作为人物的鼻子，并将其安装在脸部中央（如图5−169和图5−170）。

④ 用工具刀挖出眼窝（如图5−171）。搓出两个白色的泥球，作为眼球，并将眼球嵌入眼窝（如图5−172）。

⑤ 在人物的嘴唇上贴出白色的泥条（如图5−173），并用刻刀刻出牙齿（如图5−174和图5−175）。然后在白色的眼球上贴上黑色的薄泥片作为眼珠（如图5−176）。

图5-165 椭圆形的头部

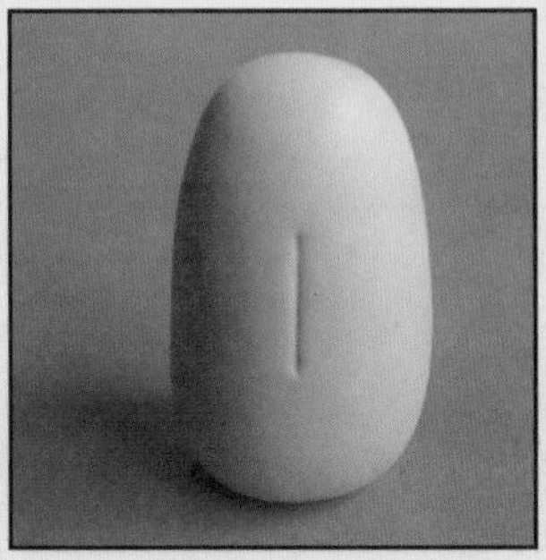
图5-166 用刻刀刻出脸部中心线的位置

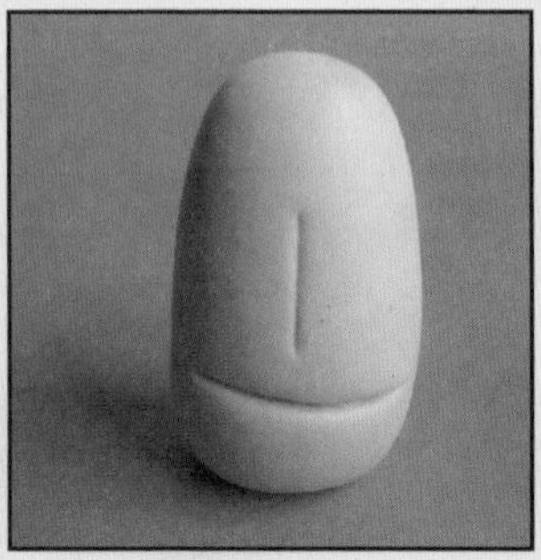
图5-167 用刻刀刻出嘴巴的位置

图5-168 进一步塑造嘴巴的造型

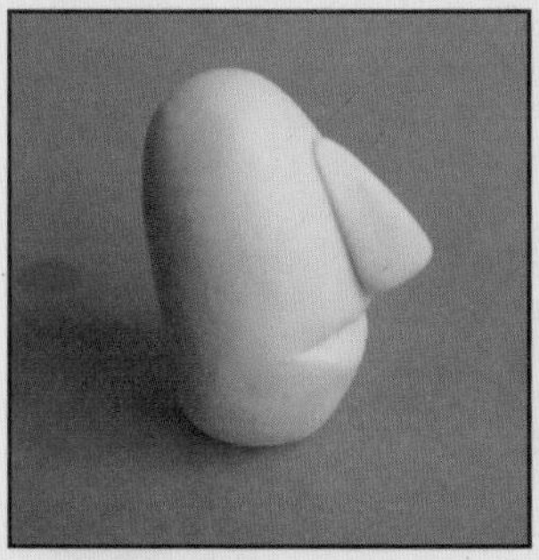
图5-169 将鼻子安装在脸部中央

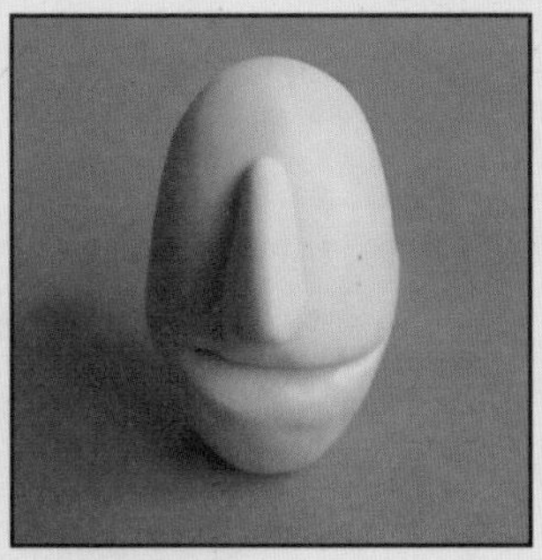
图5-170 正面鼻子的造型

图5-171 用工具刀挖出眼窝

图5-172 将白色的眼球嵌入眼窝

图5-173 在嘴唇上贴出白色的泥条

图5-174 用刻刀刻出牙齿

图5-175 刻出牙齿后的造型

图5-176 给眼珠贴上黑色的薄泥片作为眼珠

⑥ 在眼球上包上一层肉色的泥片作为眼皮（如图5－177）。捏出两个大小相等的肉色泥块，作为耳朵，并将其安装在头部，然后抹平眼部与耳部的接缝（如图5－178）。

⑦ 在牙齿外侧上方贴上肉色泥条，做出嘴巴上颌的造型（如图5－179），然后抹平上颌与脸部的接缝（如图5－180）。

⑧ 用同样的方式塑造下颌的造型，抹平接缝，（如图5－181和图5－182）。

⑨ 在眼睛上方贴上肉色泥条做出眉骨凸出的效果（如图5－183），然后贴上黑色的泥条作为眉毛（如图5－184）。

⑩ 从各个角度整理造型（如图5－185和图5－186）。

⑪ 最后给人物贴上一撮头发，完成头部造型（如图5－187）。

图5-177 在眼球上包上一层肉色泥片

图5-178 贴上耳朵并抹平接缝

图5-179 在牙齿外侧上方贴上肉色泥条

图5-180 抹平上颌与脸部的接缝

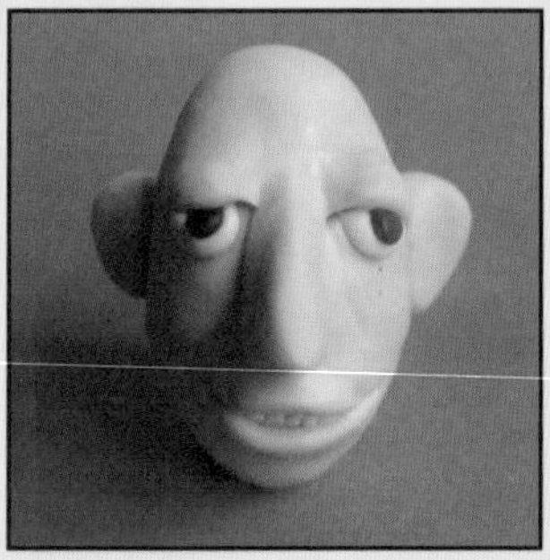

图5-181 在牙齿外侧下方贴上肉色泥条

图5-182 抹平下颌与脸部的接缝

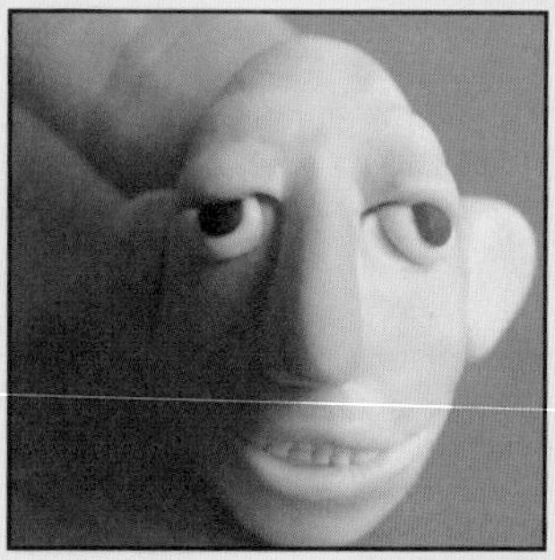

图5-183 在眼睛上方贴上肉色泥条做出眉骨凸出的效果

图5-184 贴上黑色的泥条作为眉毛

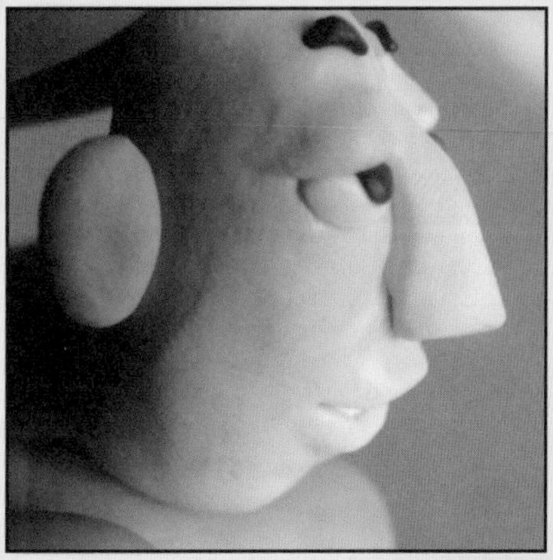

图5-185 头部的侧面效果

图5-186 头部的背面效果

图5-187 贴上头发完成头部造型

⑫ 用电线制作出身体骨架（如图5－188），在外面包裹上一层锡纸做出身体的基本造型（如图5－189），然后在脚部包裹上一层肉色泥片（如图5－190）。

⑬ 擀出制作裤子的黑色泥片，根据裤子的结构进行切割（如图5－191）。将切割好的泥片贴在人物骨架上（如图5－192）。

⑭ 准备好白色泥片（如图5－193），将其贴在人物骨架上制作衣领（如图5－194和图5－195）。

⑮ 用红色软陶泥捏出领带的样子，贴在衣领下方（如图5－196）。

⑯ 将黑色的泥片裁切，做出上衣的形状（如图5－197），将其贴在人物骨架上（如图5－198）。

⑰ 裁切出黑色的上衣领子（如图5－199），将其贴在上衣上（如图5－200）。

图5-188 用电线制作出身体骨架

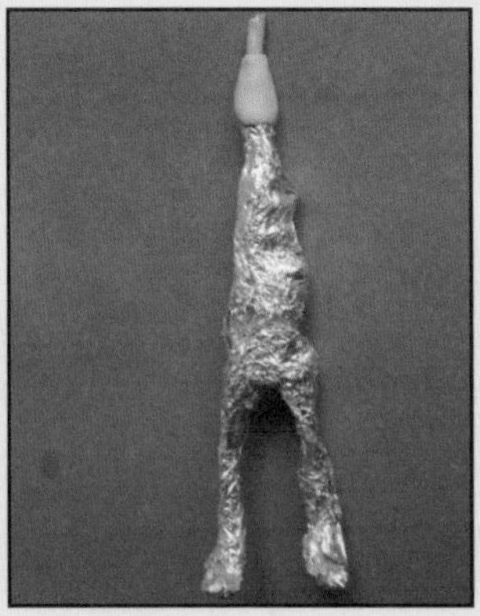
图5-189 在骨架上包裹上一层锡纸

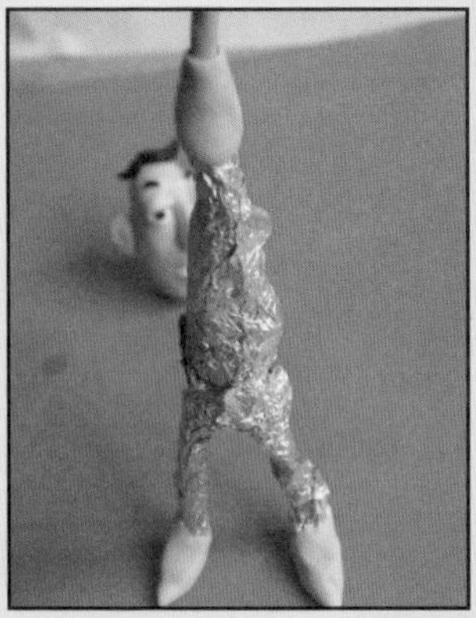
图5-190 在脚部包裹上一层肉色泥片

图5-191 擀出制作裤子的黑色泥片并进行切割

图5-192 完成裤子的塑造

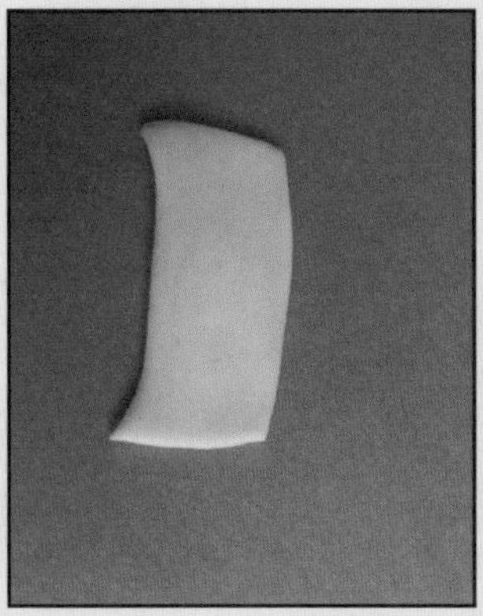
图5-193 用于制作衣领的白色泥片

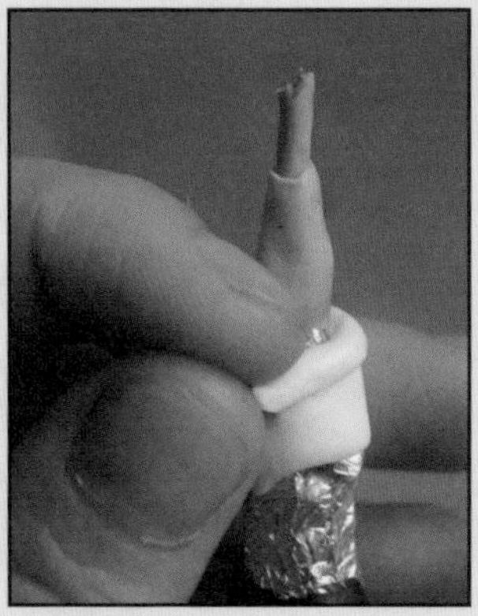
图5-194 将白色泥片贴在人物骨架上制作衣领

图5-195 翻出衣领的造型

图5-196 将红色软陶泥制作的领带贴在衣领下方

图5-197 用黑色的泥片做出上衣

图5-198 将裁切好的上衣泥片贴在骨架上

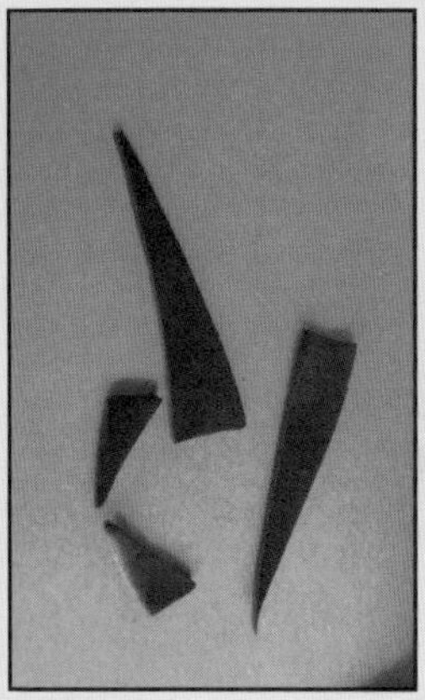
图5-199 裁切出黑色的上衣领子

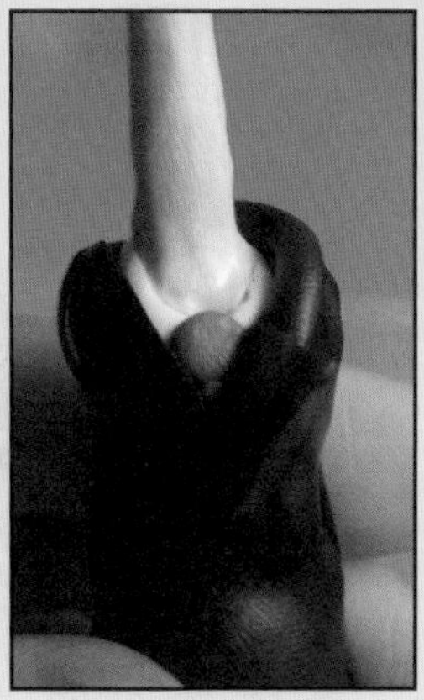
图5-200 将衣领贴在上衣上

⑱ 用黑色软陶泥搓出一个泥条作为袖子，将工具刀伸进袖子钻出一个空间（如图5－201），袖子做好后的样子像一根管子（如图5－202和图5－203）。

⑲ 把袖子安装到身体适当的位置（如图5－204）。

⑳ 用肉色软陶泥搓出一根泥条作为手臂（如图5－205）。手掌和手臂是一体的，制作手掌时，先把大拇指与手掌部分用工具刀切开（如图2－206），根据手的基本结构捏塑出手的造型，注意手部轮廓的高低起伏（如图5－207）。

㉑ 用一块黑色的泥片包裹上部分填充泥制作皮包（如图5－208），用刻刀雕刻出皮包细节（如图5－209）。

㉒ 将手臂安装到袖子里，将皮包粘接在臂弯处（如图5－210）。

㉓ 给上衣贴上白色的袖口（如图5－211）。

㉔ 最后制作皮鞋。先用黑色泥片包裹脚部（如图5－212），然后抹平接缝，做出皮鞋的基本造型（如图5－213），最后用黑白方

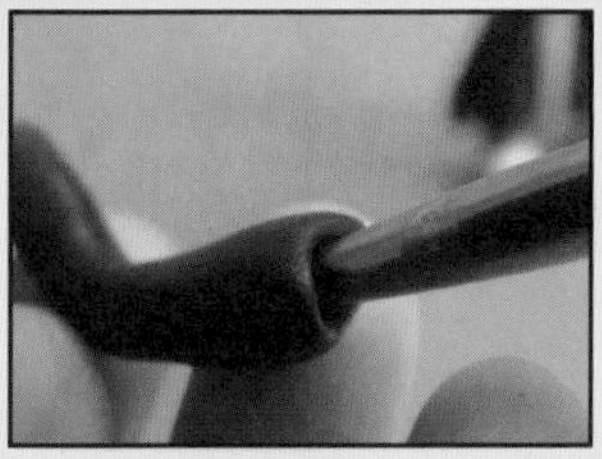
图5-201 将工具刀伸进袖子钻出一个空间

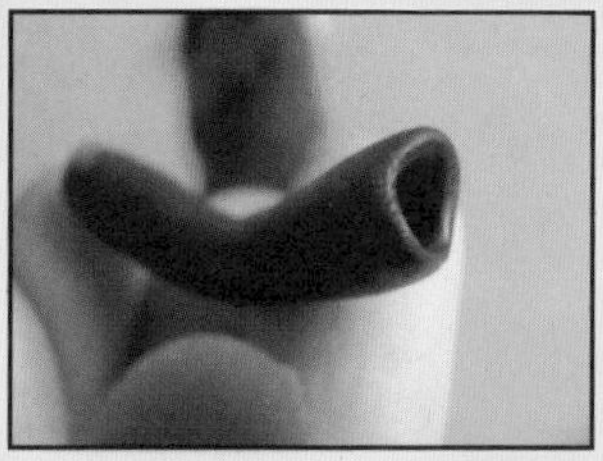
图5-202 袖子做好后的样子像一根管子

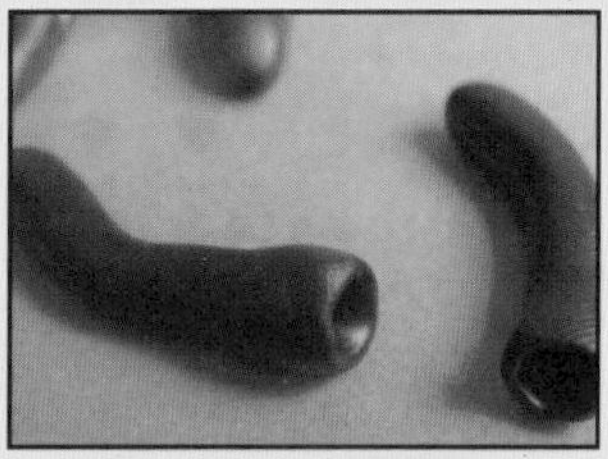
图5-203 两个袖子都做好后的效果

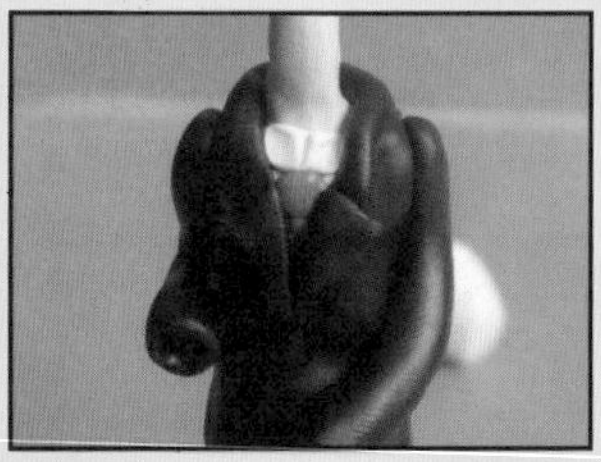
图5-204 将袖子安装到身体适当的位置

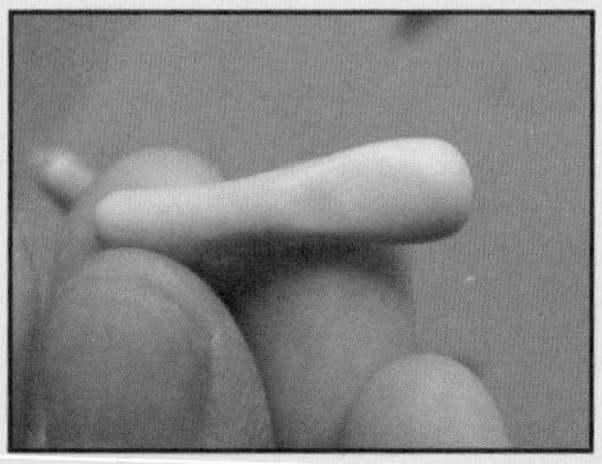
图5-205 用肉色软陶搓出泥条作为手臂

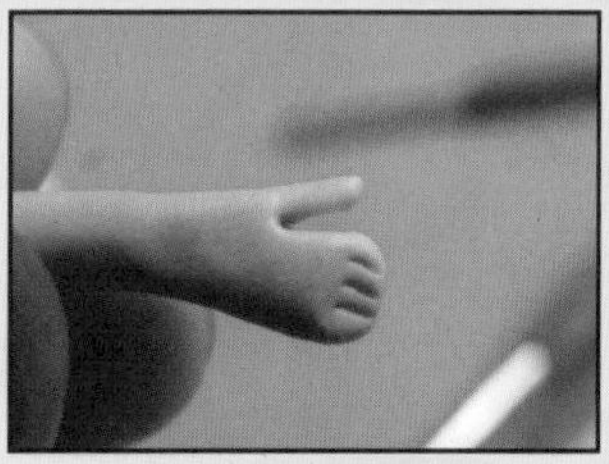
图5-206 用工具刀将大拇指与手掌切开

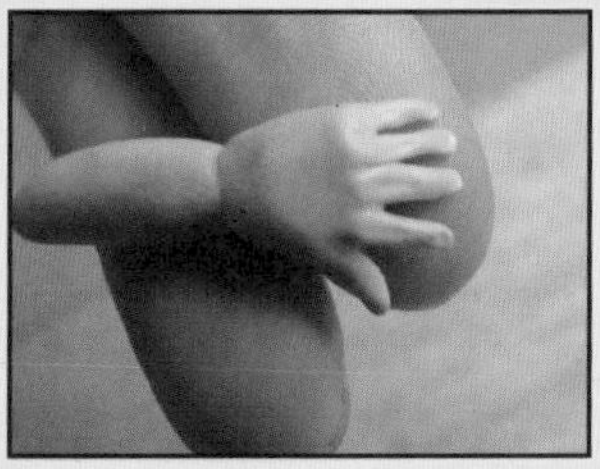
图5-207 捏塑出手的造型

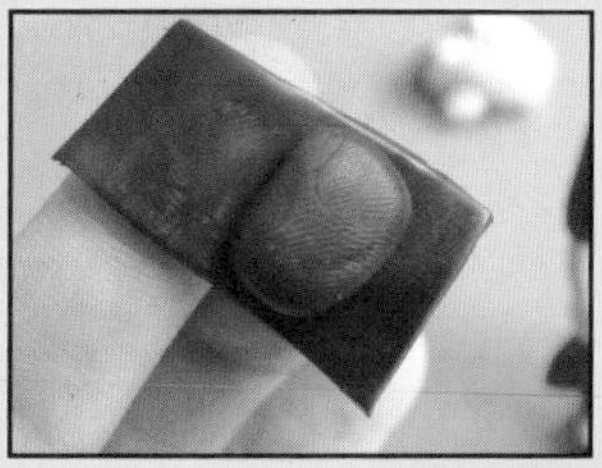
图5-208 用一块黑色的泥片包裹上部分填充泥制作皮包

图5-209 用刻刀雕刻出皮包细节

图5-210 将手臂安装到袖子里，将皮包粘贴在臂弯处

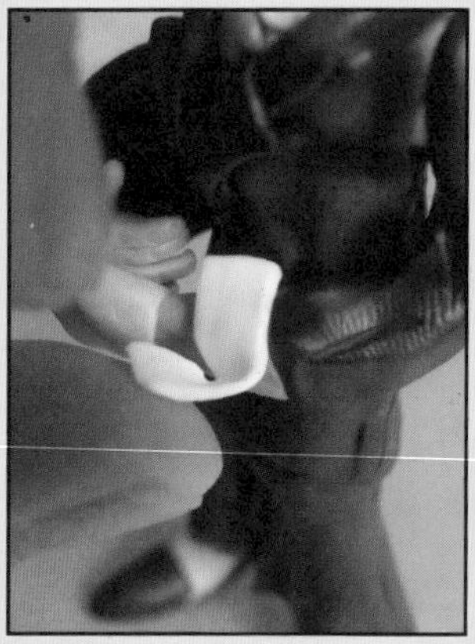
图5-211 给上衣贴上白色的袖口

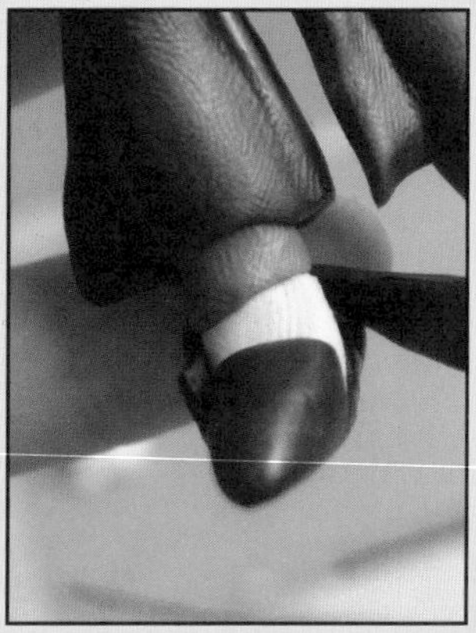
图5-212 用黑色泥片包裹脚部

格图案的花条切片进行装饰（如图5－214）。黑白方格图案的花条切片是用厚度为2mm的黑色与白色泥片叠加、按压、切片而成的（如图5－215）。

㉕ 将之前制作好的头部安装在身体上（如图5－216），安装时可以进一步整理头部造型（如图5－217）。

㉖ 烘烤成型后，使用小勾线笔给玩偶的两颗门牙涂上金粉（如图5－218和图5－219）。

㉗ 这样一个镶金牙的提包客就算完成了（如图5－220）。

图5-213 抹平接缝，做出皮鞋的基本造型

图5-215 黑白方格图案花条的制作步骤

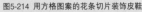

图5-214 用方格图案的花条切片装饰皮鞋

图5-216 将之前制作好的头部安装在身体上

图5-217 进一步整理头部造型

图5-218 使用小勾线笔给牙齿涂上金粉

图5-219 给两颗门牙涂上金粉后的效果

图5-220 从不同角度看完成后的效果

5.1.5 其他制作实例

动画雕塑的制作材料有很多，下面介绍用树脂粘土制作的《穆桂英》和使用蛋壳和超轻粘土制作的《黑客》这两个实例。

实例1 穆桂英

树脂粘土在没有风干前十分柔软，接近中国的面塑材料，其色彩是半透明的，需要调色或着色。不同于软陶的是树脂粘土更适合捏塑，制作时在力度上可以轻柔一些。

① 打开用保鲜膜包装的树脂粘土（如图5-221）。

② 用塑料瓶作为玩偶的支撑骨架（如图5-222），在塑料瓶里面填充上软纸团并在外面包裹一层树脂粘土（如图5-223）。

③ 在瓶盖上扎入一根铁丝用于固定头部，并在瓶身上继续包裹粘土（如图5-224）。树脂粘土较软，容易一边做一边风干，可以按照玩偶的着装特点逐层包裹粘土。这里贴上一层白色泥片作为衣服（如图5-225）。

④ 用泡沫块制作玩偶的底部。泡沫块需事先切割并根据需要打磨（如图5-226），然后在泡沫块外面包裹一层树脂粘土，简单地整理后粘贴在塑料瓶的底部（如图5-227）。

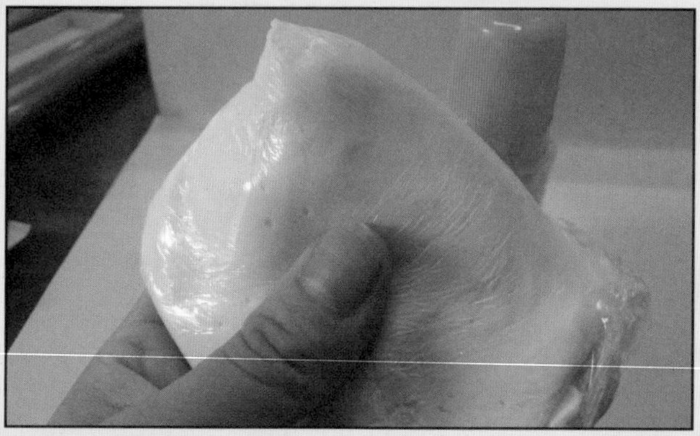
图5-221 打开用保鲜膜包装的树脂粘土

图5-222 用塑料瓶作为支撑骨架

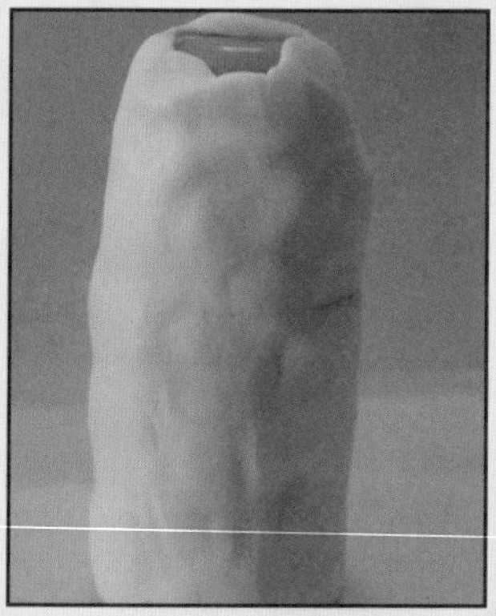
图5-223 在塑料瓶里面填充软纸团并在外面包裹上一层树脂粘土

图5-224 在瓶盖上插入一根铁丝，并在瓶身上继续包裹粘土

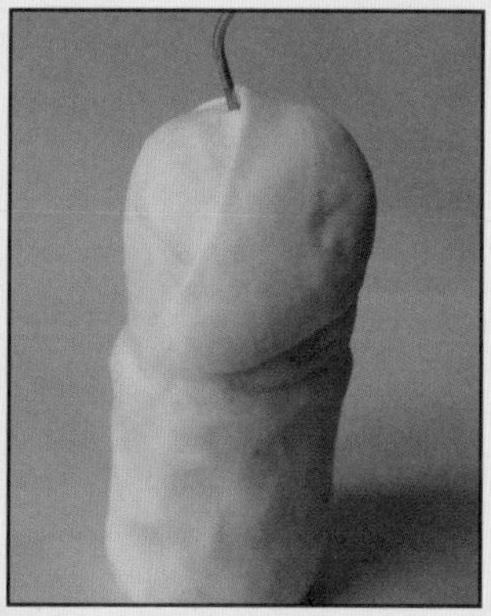
图5-225 贴上一层白色泥片作为衣服

图5-226 用泡沫块制作玩偶的底部

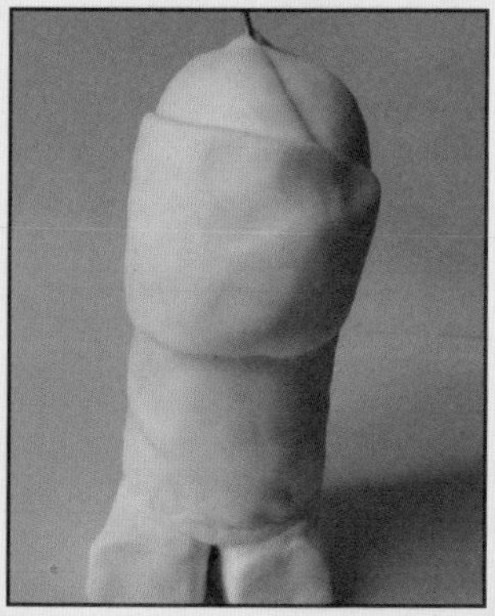
图5-227 在泡沫块外面包裹一层树脂粘土并粘在塑料瓶的底部

⑤ 根据玩偶的服装造型继续包裹泥片（如图5−228）。最初包裹的粘土可能已经风干，易产生裂纹，这时可以用毛笔蘸水或者用手指
蘸水抹平裂纹，然后用树脂粘土捏出两个泥块并粘贴到肩膀上（如图5−229）。

⑥ 搓出泥条作为手臂，将其安装在肩膀上（如图5−230）。捏出四个小泥片作为袖口，分别贴在肘部和手部（如图5−231和图5−232）。

⑦ 用泥片装饰盔甲，并用泥条作为腰带贴在人物服装上（如图5−233）。

⑧ 用刻刀雕刻盔甲上的图案（如图5−234）。

⑨ 在树脂粘土中加入少许红色、黄色和白色丙烯颜料并揉匀，调制成肉色粘土（如图5−235和图5−236）。

⑩ 用调制好的肉色粘土搓成一个球体，作为人物的头部，再搓出手部，将头部和手部安装在身体（如图5−237）。

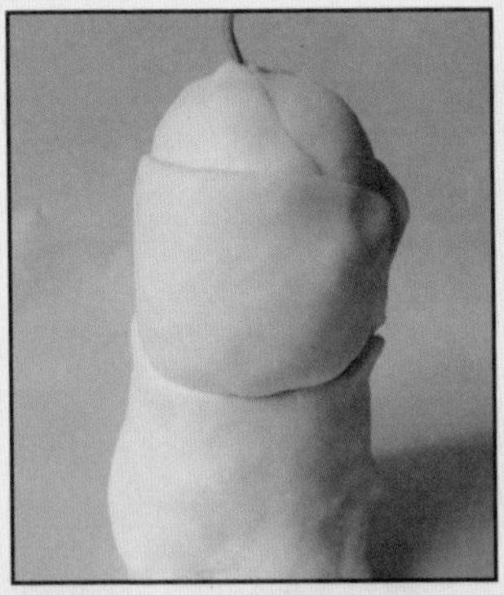
图5-228 按照玩偶的服装造型继续包裹泥片

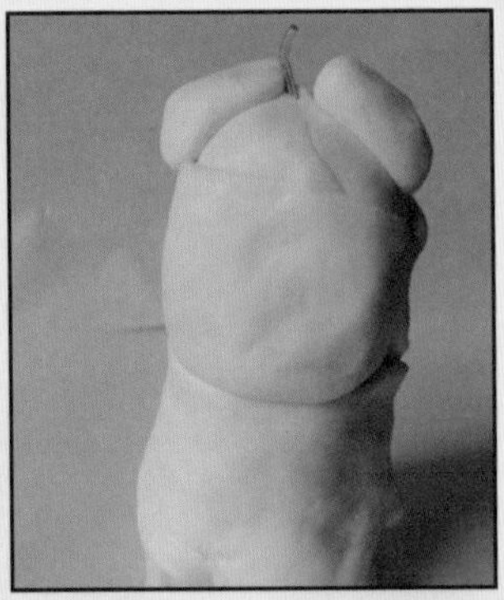
图5-229 用树脂粘土捏出两个泥块并粘贴到肩膀上

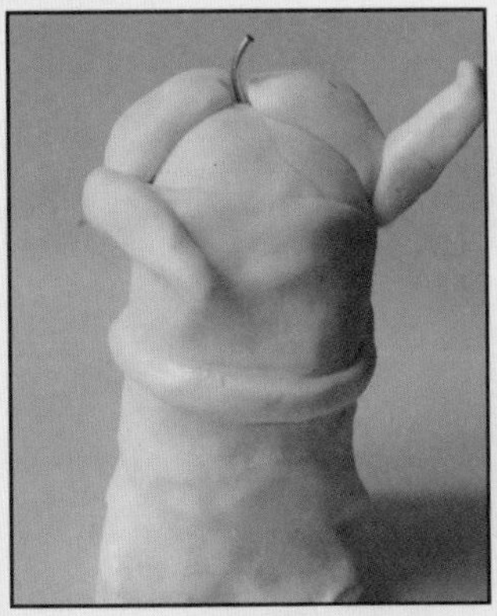
图5-230 将手臂安装在肩膀上

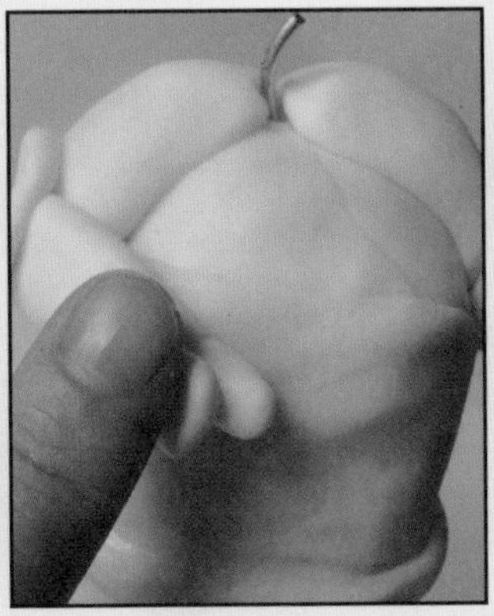
图5-231 捏出四个小泥片分别贴在肘部和手部

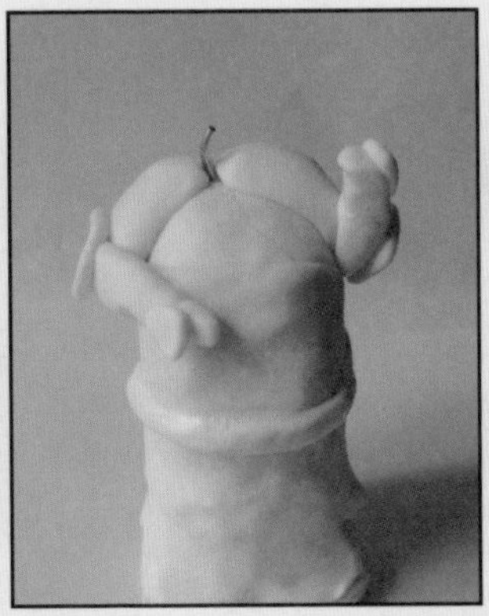
图5-232 贴好后的效果

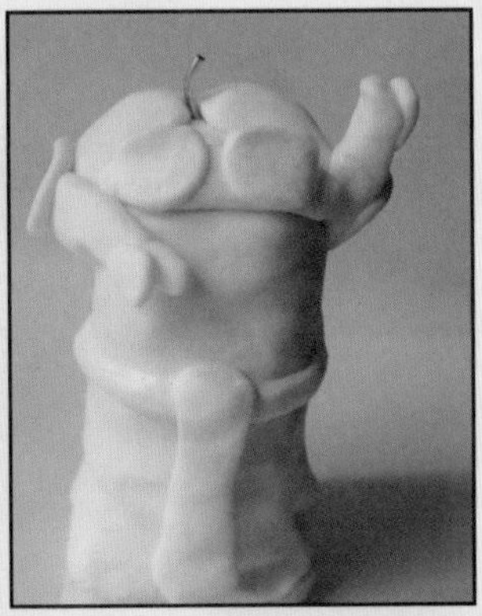
图5-233 用泥片装饰盔甲并用泥条作为腰带贴在人物服装上

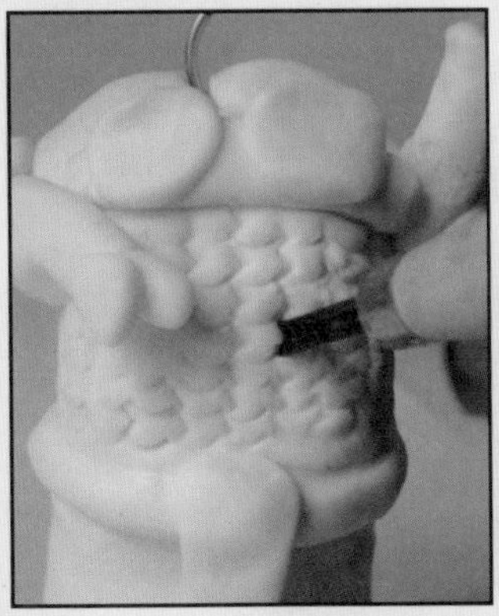
图5-234 用刻刀雕刻出盔甲上的图案

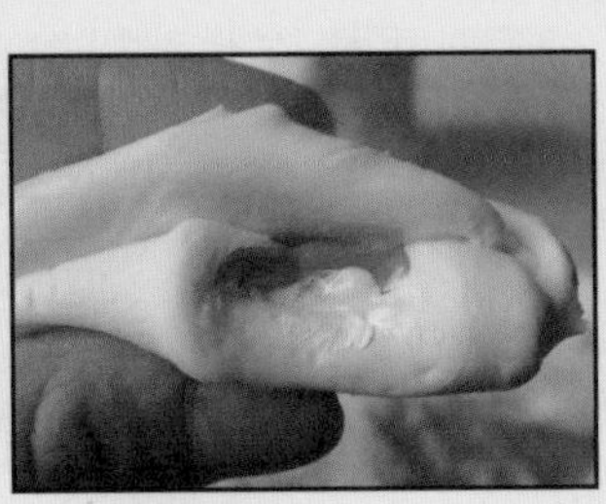
图5-235 调制肉色粘土

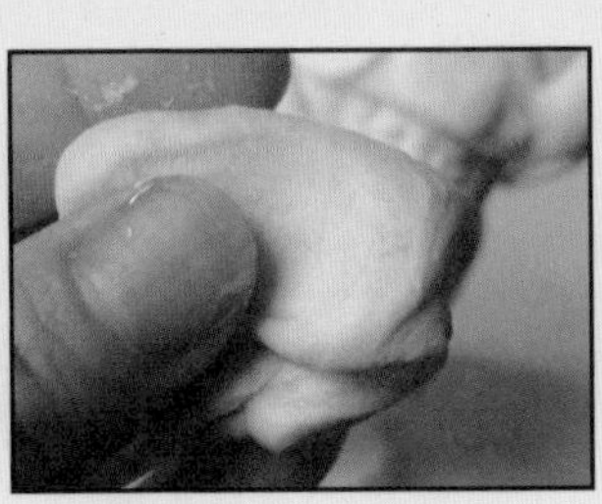
图5-236 肉色粘土制作好的效果

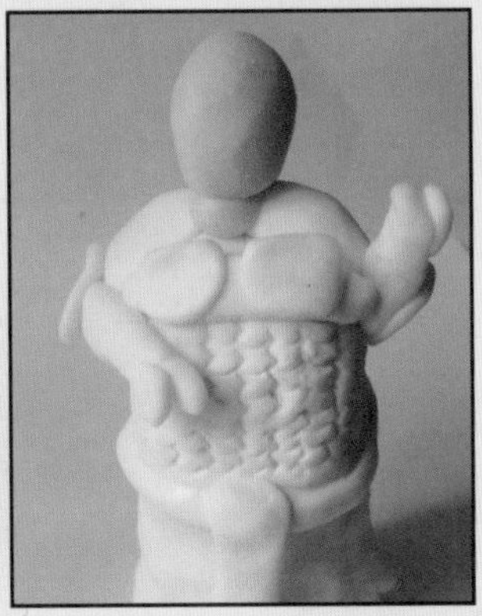
图5-237 用肉色粘土制作头部和手部并安装在身体上

⑪ 在粘土中加入少许黑色丙烯调制成黑色粘土（如图5-238）。树脂粘土在未干时调出的颜色要淡一些，干透后会颜色会变深，所以此时的粘土看上去是灰色的（如图5-239）。

⑫ 给人物的头部贴上黑色的泥片作为头发（如图5-240和图5-241）。

⑬ 用一根黑色的泥条作为人物脑后的长发（如图5-242）。

⑭ 用画笔给服装和盔甲着色（如图5-243至图5-245）。

⑮ 着色时，玩偶处于风干过程，干湿不匀，所以可能会出现重心不稳的情况，可以在玩偶后面放置一个物体防止其后仰摔倒（如图5-246）。

⑯ 绘制出人物的五官（如图5-247），用泥球和泥片做出人物的头冠并用丙烯颜料着色（如图5-248和图5-249）。

⑰ 用勾线笔描绘出盔甲上的花纹，然后勾勒出服装上的纹饰（如图5-250和图5-251）。

图5-238 调制黑色粘土

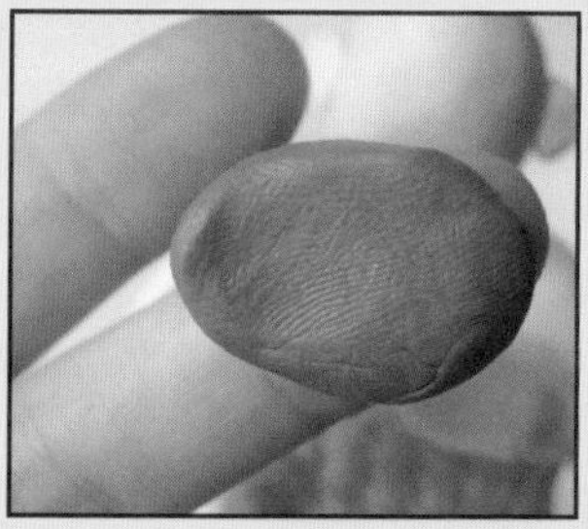
图5-239 未干透的粘土呈灰色

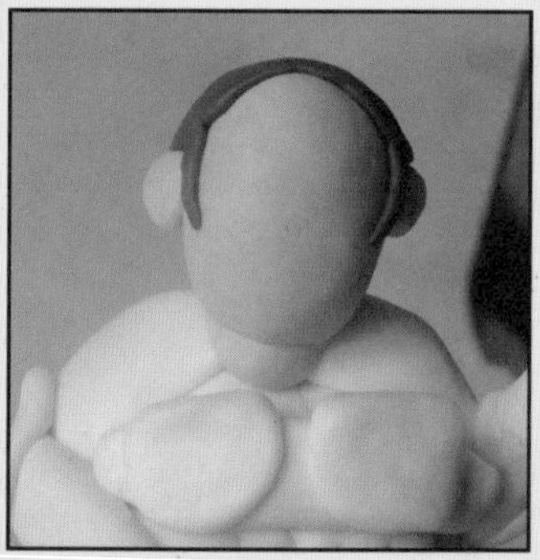
图5-240 给头部贴上黑色的泥片作为头发

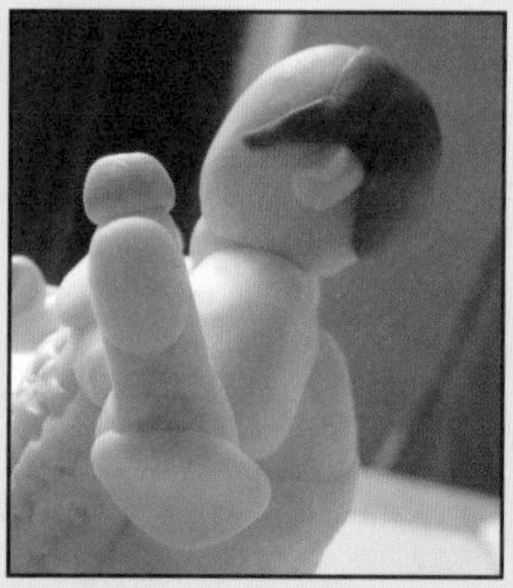
图5-241 头发贴好后的侧面效果

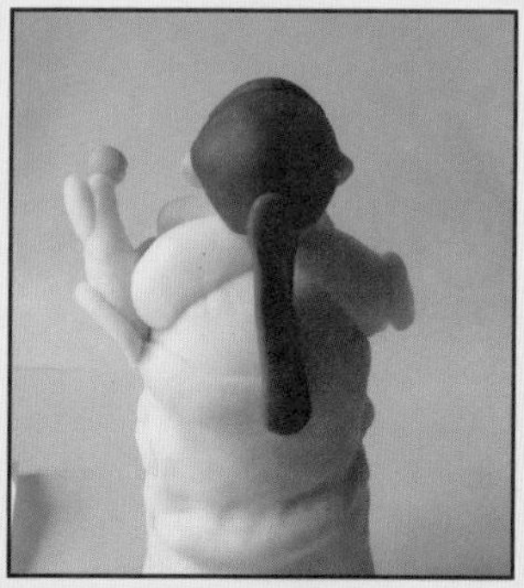
图5-242 用一根黑色泥条作为脑后的长发

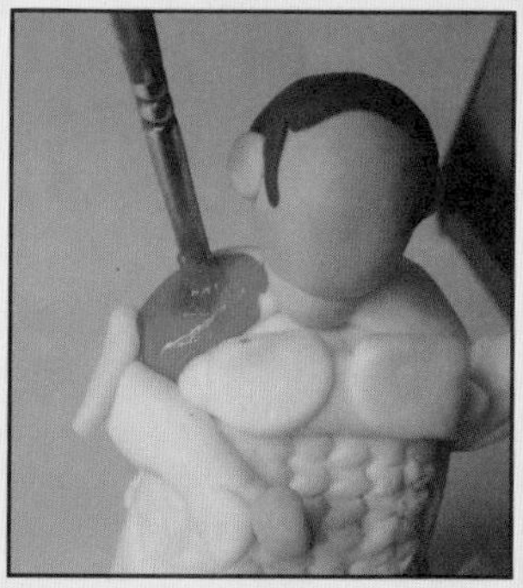
图5-243 用画笔给服装着色

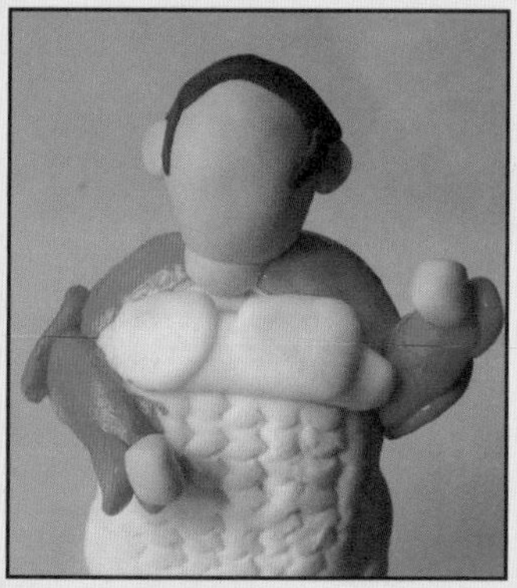
图5-244 从上身开始着色

图5-245 给盔甲着色

图5-246 在玩偶背部放置物体以防其摔倒

图5-247 绘制出人物的五官

图5-248 用泥球和泥片做出头冠

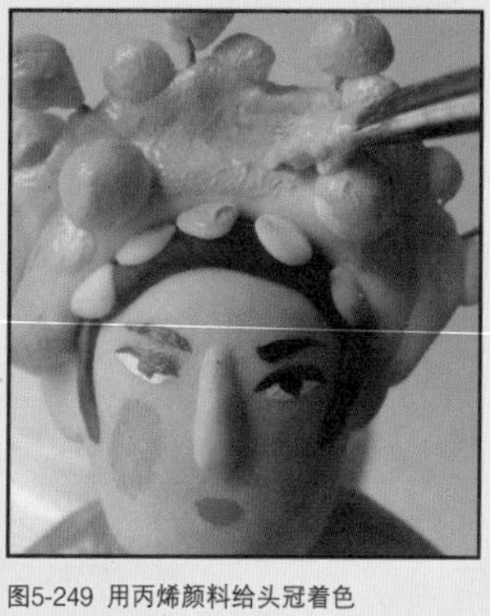
图5-249 用丙烯颜料给头冠着色

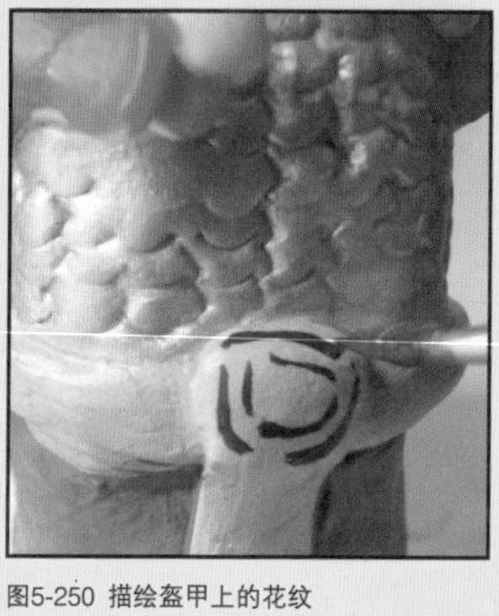
图5-250 描绘盔甲上的花纹

图5-251 着色完成

⑱ 把红色无纺布剪成适合大小的三角形，制作小旗子（如图5-252和图5-253）。
⑲ 在旗子边缘刷上绿色丙烯颜料进行装饰（如图5-254），刷好后风干备用（如图5-255）。
⑳ 把小旗子缝制在小木签上，固定在玩偶身后（如图5-256）。在插旗子的地方补上粘土并抹平接缝（如图5-257）。
㉑ 给刚补上的粘土刷上颜色，并在玩偶身后加上色彩装饰（如图5-258和图5-259）。
㉒ 用羽毛装饰头冠（如图5-260和图5-261）。
㉓ 然后制作兵器三环刀。刀把用一次性的筷子削好后打磨着色，刀面部分用树脂粘土捏出后用丙烯颜料着色（如图5-262）。在刀面上用锥子钻三个小眼儿，待风干后穿入三个小金属环（如图5-263）。
㉔ 这样手持大刀的穆桂英造型就完成了（如图5-264）。

图5-252 剪出三角形的旗子

图5-253 剪好的三角形旗子

图5-254 用绿色丙烯颜料装饰旗子的边缘

图5-255 等待风干

图5-256 把旗子固定在玩偶身后

图5-257 插旗子的地方补上粘土并抹平接缝

图5-258 给刚补上的粘土刷上颜色

图5-259 在玩偶身后加上色彩装饰

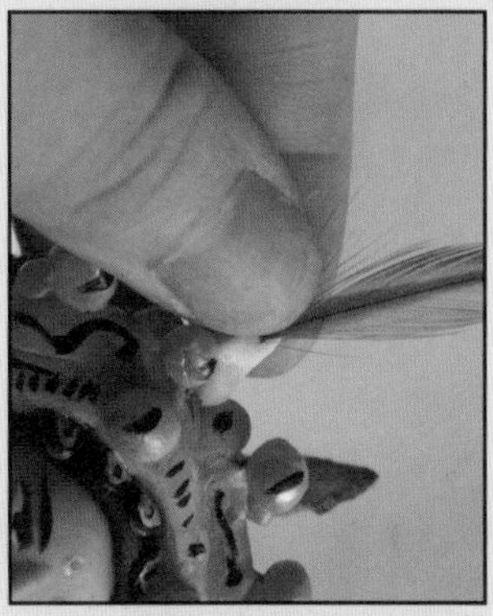
图5-260 用羽毛装饰头冠

图5-261 装饰好羽毛的头冠

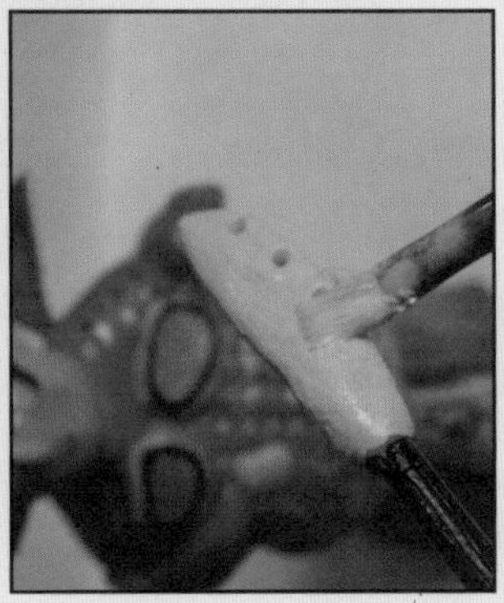
图5-262 用丙烯颜料给刀面着色

图5-263 在刀面上穿上三个小金属环

图5-264 完成图

实例 2 黑客

超轻粘土的特点是柔软、轻盈，而且十分环保，适合儿童、成人等大众捏玩。但其在风干过程中会反弹变形，一些雕刻的痕迹在风干后可能会变得很浅甚至消失，因此在制作需要按压、挖切等造型时要适当加大力度。

① 把蛋壳里的蛋黄、蛋清去除干净备用（如图5-265），准备好肉色的超轻粘土（如图5-266）。超轻粘土也是风干型的粘土，干的速度比树脂粘土快，因此做的时候用多少取多少，避免未用的粘土干掉。

② 把超轻粘土按压或拍压成均匀厚度的泥片，包裹蛋壳的上半部分（如图5-267），包裹时注意按压平整（如图5-268）。

③ 用粘土做出耳朵安装在头部，并用刻刀刻出嘴巴的位置（如图5-269），然后在嘴巴的位置贴上一块白色的泥片（如图5-270）。

④ 用刻刀在白色泥片上刻出牙齿（如图5-271和图5-272）。

图5-265 清理干净蛋壳备用

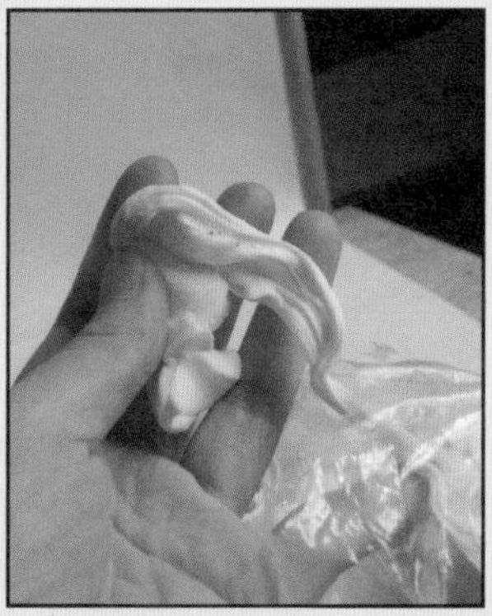
图5-266 准备好肉色的超轻粘土

图5-267 在蛋壳的上半部分包裹一层超轻粘土

图5-268 包裹时注意按压平整

图5-269 用刻刀刻出嘴巴的位置

图5-270 贴上一块白色泥片

图5-271 刻出牙齿的形状

图5-272 贴上黑色的泥片作为衣服

图5-273 衣服贴好后的效果

图5-274 用黑色泥片作出眼镜和镜架贴在眼部

图5-275 用黑色的泥块制作帽子

图5-276 用白乳胶粘贴帽子

⑤ 在蛋壳的下半部分包裹一层黑色泥片，作为衣服（如图5-273）；用黑色泥片做出眼镜片和镜架，并贴在眼部，注意镜片和镜架子要分开贴（如图5-274）。
⑥ 用黑色的泥块制作帽子（如图5-275），然后用白乳胶将帽子粘在头上（如图5-276）。
⑦ 搓出黑色的泥条制作袖子，在袖子的中间用工具刀钻出空间用来装胳膊（如图5-277），胳膊与手是连在一起的，手部要做出大拇指与手掌分开的造型（如图5-278）。
⑧ 把做好的手臂插入袖口（如图5-279），将其安装在身体上（如图5-280）。
⑨ 将黑色粘土包裹在剪短的牙签外作为拐杖（如图5-281），将拐杖安装在手上（如图5-282）。
⑩ 用黑色粘土捏出烟斗（如图5-283），用白乳胶将烟斗固定在嘴角（如图5-284）。
⑪ 这样一个黑客的造型就完成了（如图5-285）。

图5-277 在袖子的中间钻出空间

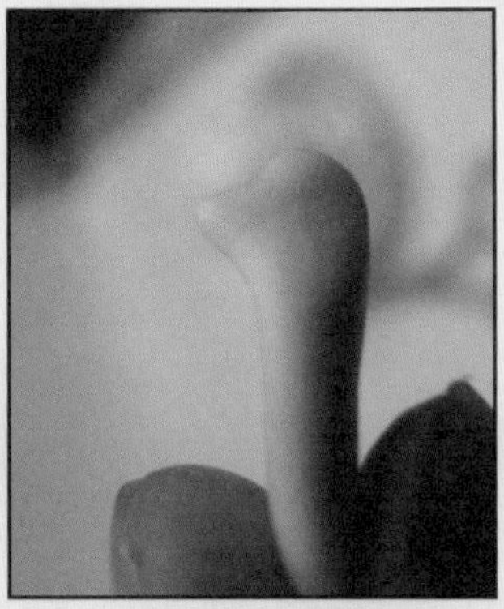
图5-278 制作出和手连在一起的手臂

图5-279 将手臂插入袖子

图5-280 将手臂安装在身体上

图5-281 剪短的牙签包裹上黑色粘土作为拐杖

图5-282 将拐杖安装在手上

图5-283 用黑色粘土捏出烟斗

图5-284 用白乳胶将烟斗固定在嘴角

图5-285 完成图

5.1.6 静态动画雕塑创作综合实战

在这个章节我们将进入静态动画雕塑作品的创作实战中，内容涉及不同人物的造型结构和不同风格雕塑的尝试。

动画雕塑是一个手工制作过程，因此需要勤于思考多加尝试，进而达到熟能生巧的地步。同一个主题可以有很多种表现的方式，具象的、几何抽象的、装饰意味的、侧重平面图形设计的都可以，除了表现方式，在材料的选择上也可以进行多种尝试。本节中，我们将根据同一个人物形象设计制作动画人物造型，尝试使用不同风格的造型设计（可以两个同学一组完成）。

实例 1 漫塑造型1

制作要求：抓住人物的五官特征并适当夸张。

① 首先，画出人物的草图（如图5-286），然后进行脸部的大形塑造，先将一块锡纸揉成团（如图5-287），再包裹一层泥料，并用刻刀在上面刻画出五官位置的辅助线（如图5-288），最后用工具刀挖出眼窝（如图5-289）。

② 搓出两个球体作为眼珠，眼珠可以先烤好再镶嵌进眼窝，这样可以防止在塑造眼部造型时发生变形（如图5-290）。

③ 安装好眼睛后，需要添加泥条，进一步塑造出脸部轮廓（如图5-291和图5-292），注意抹平所有接缝，同时保持造型（如图5-293）。

图5-286 草图

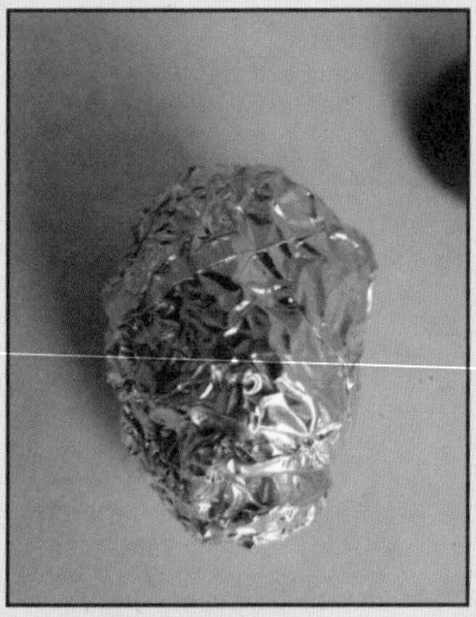
图5-287 将锡纸揉成团

图5-288 用刻画刀刻出五官位置的辅助线

图5-289 用工具刀挖出眼窝

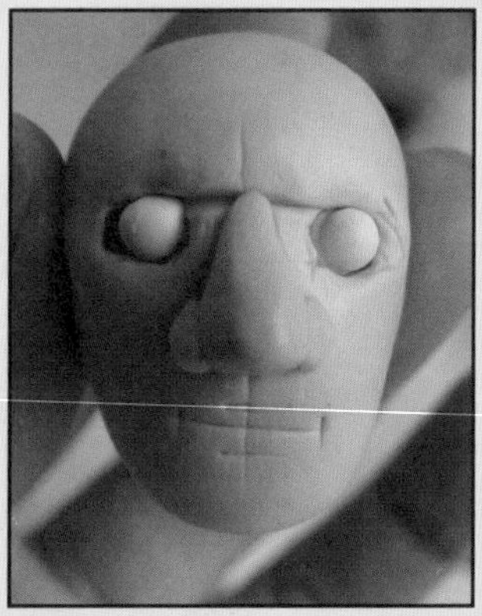
图5-290 将烤好的眼珠镶嵌进眼窝防止变形

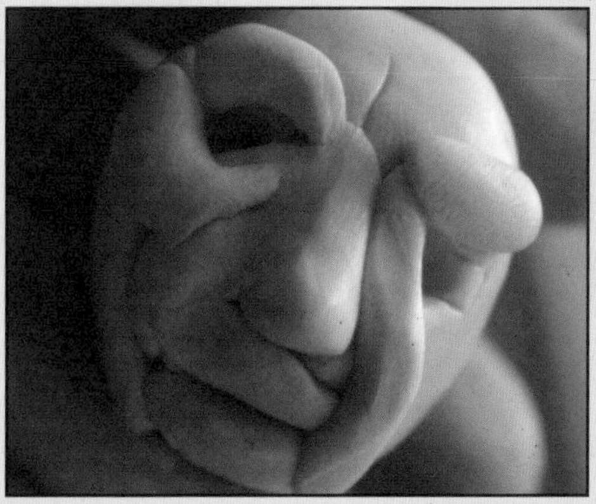
图5-291 进一步添加泥条

图5-292 在眼部和脸部添加泥条

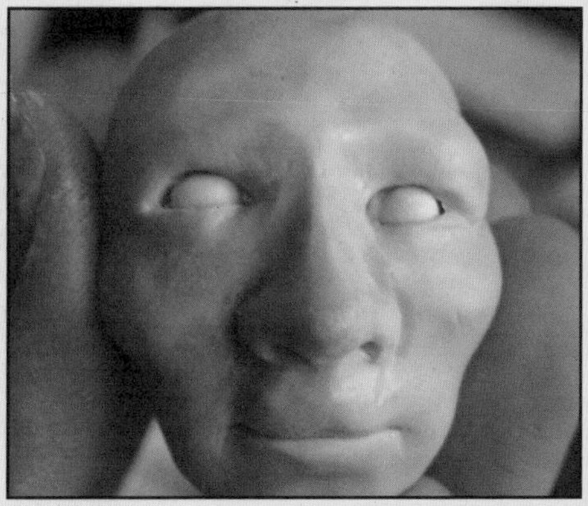
图5-293 抹平所有接缝

④ 用铁丝做出身体的骨架，并用肉色泥料进行包裹（如图5－294）。

⑤ 制作身体部分，可以先从脚部开始，用白色和黑色的泥片制作鞋子，再给人物包裹上衣服（如图5－295），将头部连接在骨架上面（如图5－296）。

⑥ 给人物脸部着色，使肤色更接近人体真实的肤色，这里可以用红色眼影画出人物脸部的红晕（如图5－297）。

⑦ 制作裙子，将泥片进行弯曲，做出裙褶，然后粘贴在人物腰部（如图5－298）。

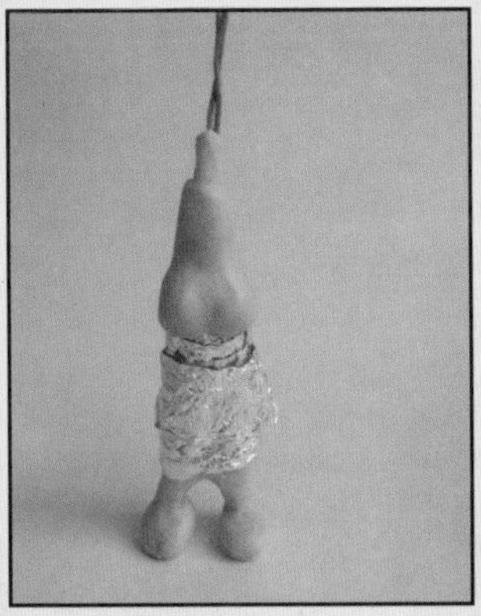

图5-294 在骨架外面包裹肉色泥料

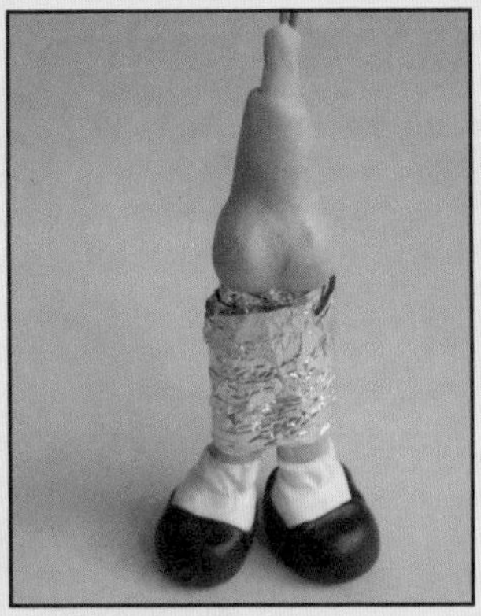

图5-295 做出鞋子的造型

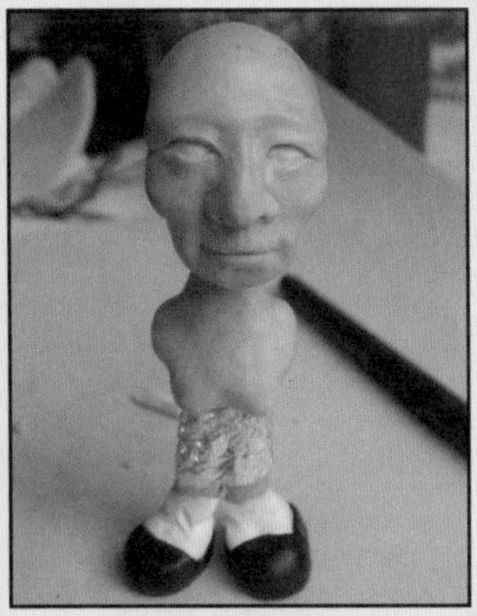

图5-296 把头部粘接在骨架上面

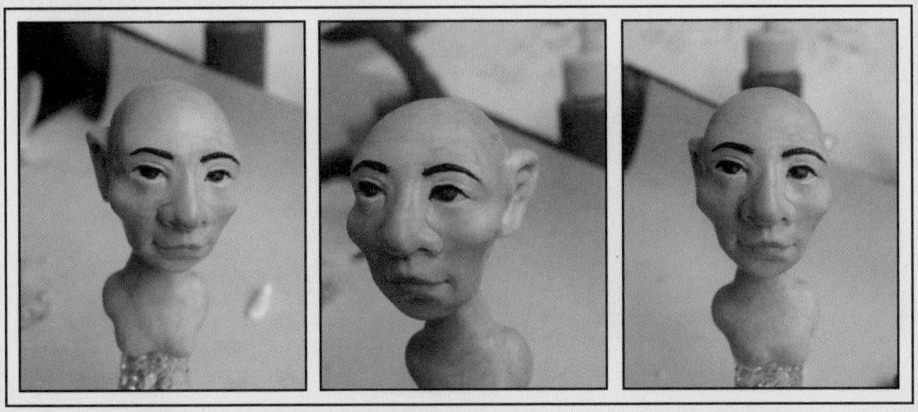

图5-297 给人物的脸部着色

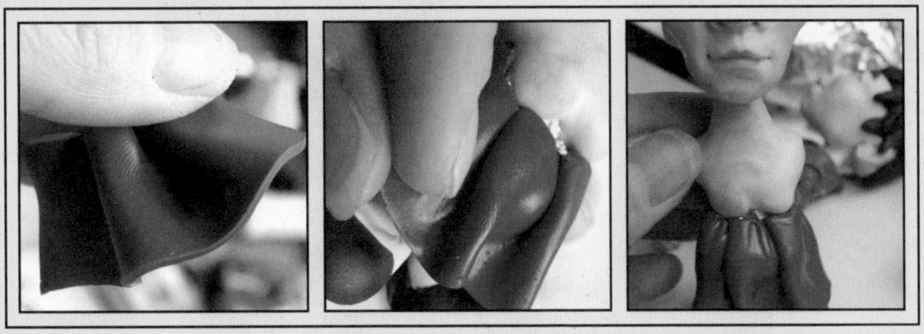

图5-298 做出裙褶

⑧ 把泥片裁剪成上衣的形状（如图5－299），包裹在人物的上身（如图5－300），然后作出两个衣袖并安装在肩膀上（如图5－301）。

⑨ 制作手部，首先把大拇指和手掌部分用工具刀切开，塑造出手掌的大致轮廓（如图5－302），然后抓住手掌，用工具刀切出四个手指（如图5－303和图5－304），再仔细塑造手部的造型（如图5－305至图5－307）。

⑩ 将完成好的手部安装在袖子上面（如图5－308）。

图5-299 将泥片裁剪成上衣的形状

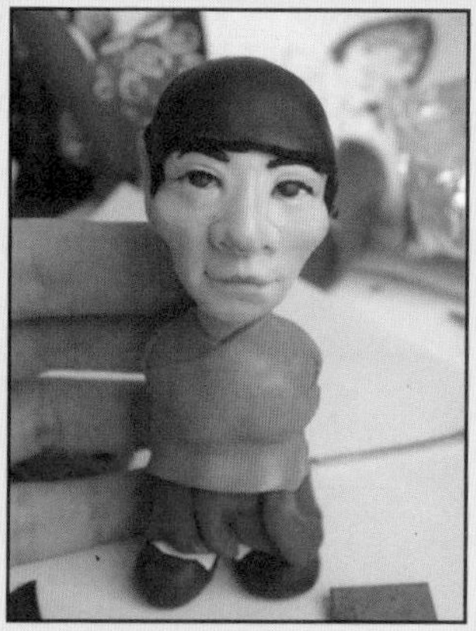

图5-300 包裹在人物的上身

图5-301 接上袖子

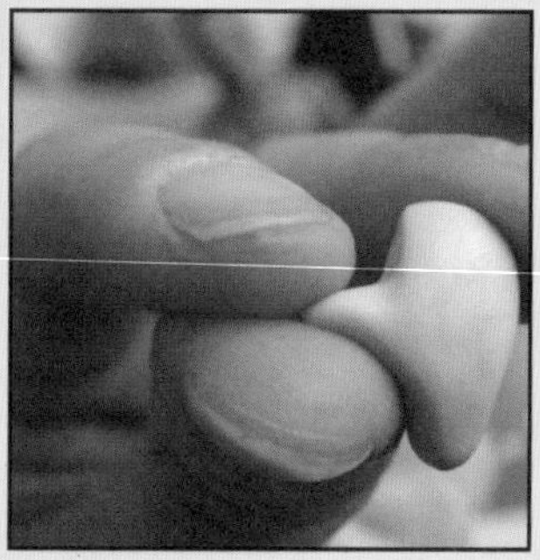

图5-302 手掌的大致形状

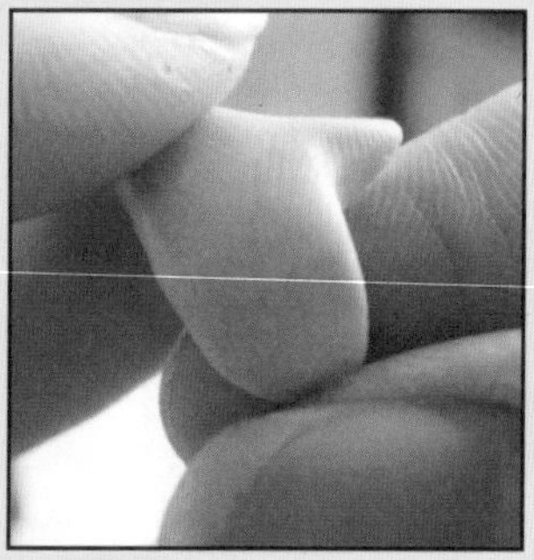

图5-303 抓住手掌

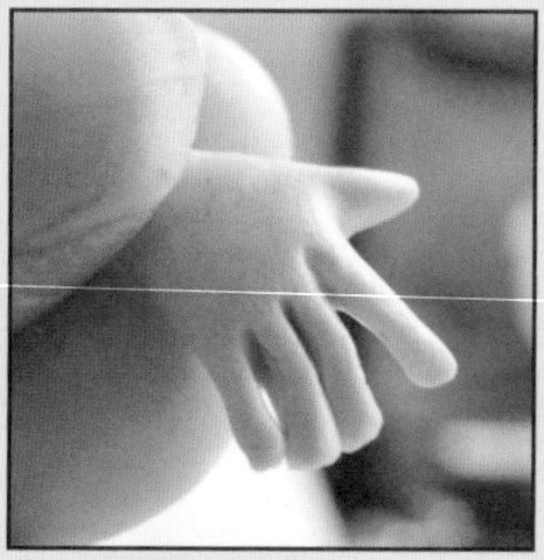

图5-304 用工具刀切出四个手指

图5-305 仔细塑造手掌

图5-306 仔细塑造手部细节

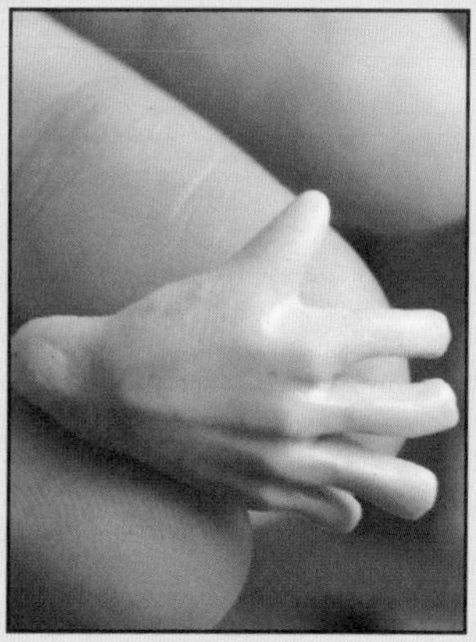

图5-307 手部的完成效果

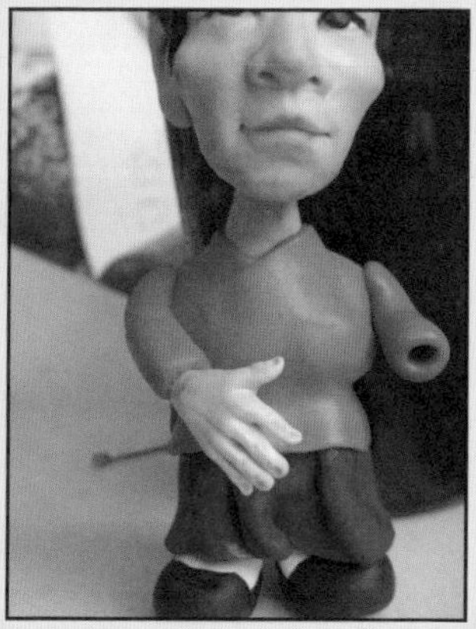

图5-308 将手部安装在袖子上面

⑪ 制作皮包，用白色泥片包裹锡纸，做出皮包的褶皱，进一步塑造，贴上棕色的带子后，粘接在身体上（如图5-309至图5-314）。

⑫ 制作头发，用压蒜器压出黑色的细泥条制作头发，在制作头发时要注意头发的整体体积与流向，可以在头发里面适当地造型后再贴上泥条（如图5-315至图5-319）。

图5-309 皮包里面的填充锡纸

图5-310 用白色泥片包裹锡纸

图5-311 做出褶皱

图5-312 进一步塑造

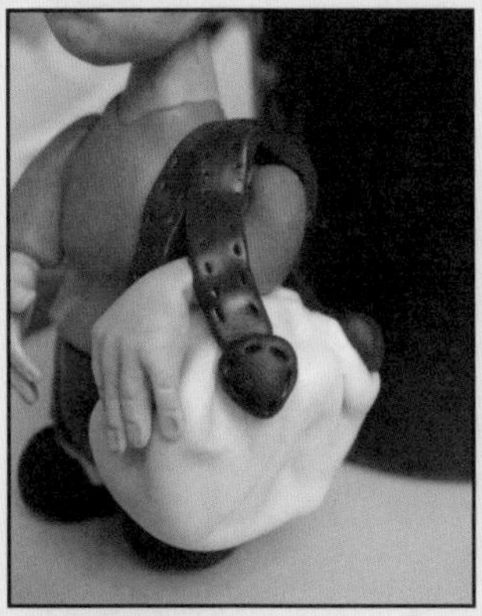

图5-313 贴上棕色的带子

图5-314 将皮包粘接在身体上面

图5-315 用压蒜器压出泥条

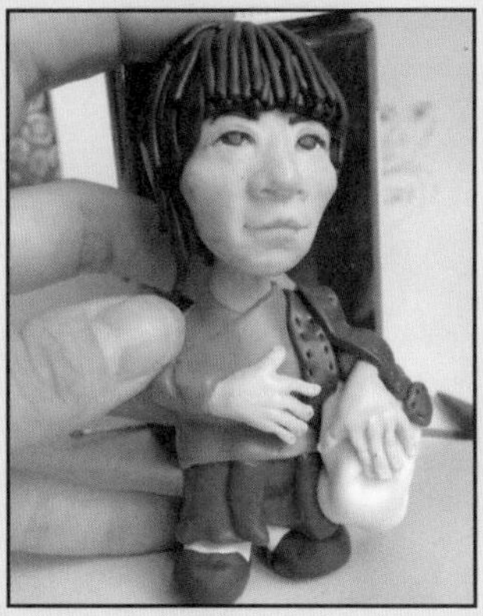

图5-316 贴上头发

图5-317 继续贴上头发

图5-318 进一步粘贴头发

图5-319 头发的泥条粘贴完的效果

实例 2 漫塑造型2

制作要求：提炼和概括人物特征。

① 首先画出人物草图（如图5-320）。

② 搓出一个球体，作为头部（如图5-321），捏塑出下巴的造型（如图5-322）。

③ 用铁丝制作人物骨架（如图5-323），将头部连接到骨架上（如图5-324）。

④ 搓出一个三角形的泥块，作为鼻子，安装到人物脸部中央（如图5-325），用刻刀刻出嘴巴的线条（如图5-326）。捏出两个白色泥块和两个更小一点儿的黑色泥块制作眼睛，将其粘贴到人物脸部（如图5-327）。用锥子刻画出鼻子的细节（如图5-328）。搓出黑色的泥条作为眉毛，将其贴到眼睛上方（如图5-329）。仔细地塑造嘴巴的造型（如图5-330），整理头部造型（如图5-331和图5-332）。

图5-320 草图

图5-321 搓出一个球体作为头部

图5-322 适当捏塑

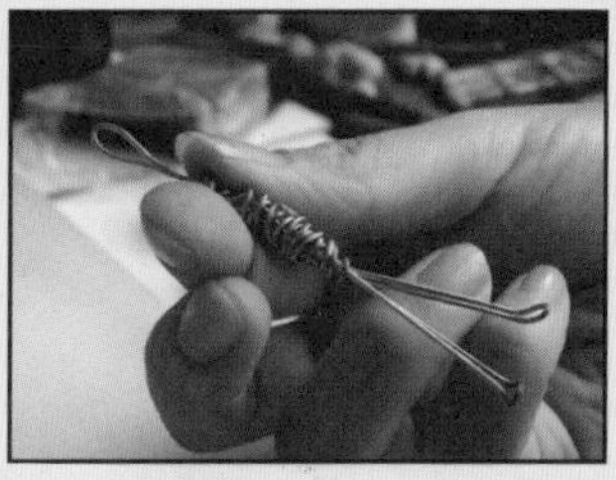

图5-323 用铁丝做出骨架

图5-324 将头部连接到骨架上

图5-325 将鼻子安装到脸部中央

图5-326 用刻刀刻出嘴巴的线条

图5-327 给人物贴上眼睛

图5-328 用锥子刻画鼻子的细节

图5-329 给人物贴上黑色泥条作为眉毛

图5-330 仔细塑造嘴巴

图5-331 头部的侧面造型

图5-332 头部的正面造型

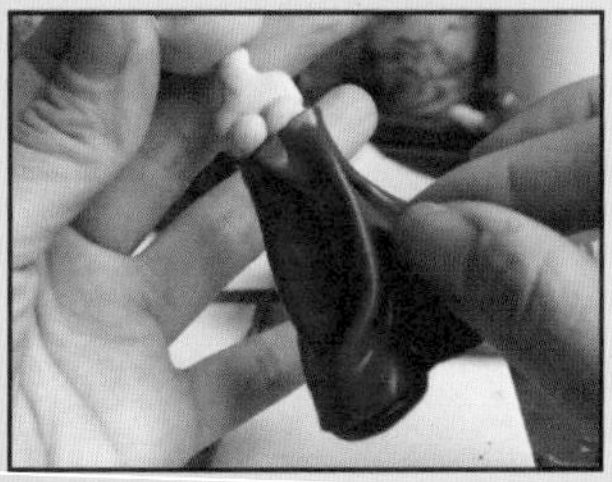

图5-333 给人物贴上蓝色的泥片作为裙子

图5-334 塑造出裙褶

图5-335 给人物贴上上衣，安装上袖子

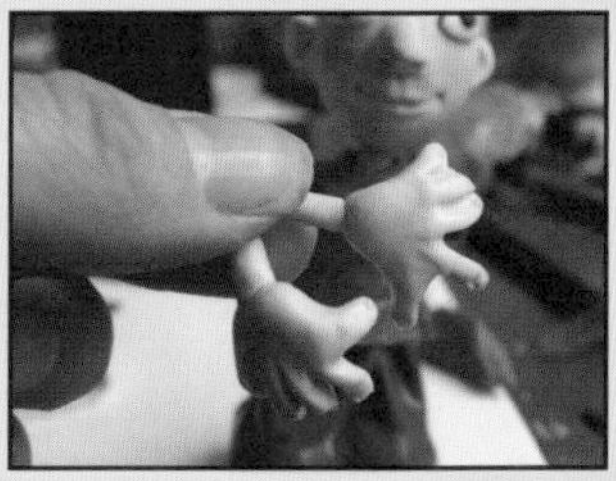

图5-336 制作出手臂和手掌

⑤ 给人物贴上蓝色的泥片作为裙子（如图5-333），用手捏塑造出裙褶（如图5-334），然后给人物贴上上衣，安装上袖子（如图5-335），其制作手法和实例1一致。最后制作出手臂和手掌，并将其安装到袖子里（如图5-336和图5-337）。

⑥ 用泥条制作头发。该实例用手搓出细泥条，贴到头部（如图5-338），贴得过程中注意从各个角度贴上泥条（如图5-339）。

⑦ 这样，一个和实例1不一样的漫塑人物造型就完成了（如图5-340）。

图5-337 将手臂安装到袖子里

图5-338 贴上做头发的泥条

图5-339 从各个角度贴上泥条

图5-340 头发完成后的效果

实例1和实例2是针对同一人物主题创作的两个具有漫塑造型风格的小雕塑，但是形态迥然不同。实例1略微写实，注重人物的解剖结构，充分运用了雕塑手法；实例2抓住了人物的神态特征，更加生动有趣、简单概括。

其实在对创作对象的造型设计上还可以更加夸张，比如把人物角色“拟物化”，图5-341也是根据同一个人物主题制作的系列形象，人物形象与恐龙造型相结合，使用树脂粘土制作。这一造型源于作者的插画作品，作者的儿子非常喜欢恐龙，常常把自己和爸爸妈妈比作各种恐龙，从而给了作者创作的灵感，也就有了这个既像人又像恐龙的动画雕塑形象。

我们还可以通过模塑法尝试制作具有不同表情、不同神态的动画模型，从而完成定格粘土动画。图5-342中的作品运用软陶泥制作原模，为了使人物具备不同的神态与姿态，头部和身体分开做模子。做好的原模在烘烤成型时可以适当地用高温烤制（160℃至200℃），原模在制作上应尽量精细。另外准备一些揉制柔软的软陶泥或模具泥，用于制作外模，将原模分为前后两个部分镶嵌进制作外模的泥中，再将外模烘烤成型用于模塑（如图5-343和图5-344）。

图5-341 “拟物化”的漫塑人物造型

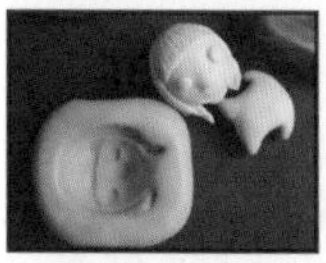
图5-343 外模1

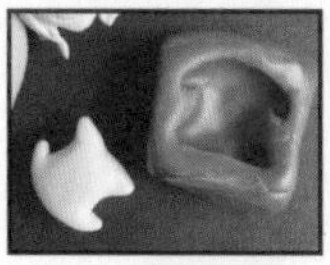
图5-344 外模2

图5-342 模塑法制作的漫塑人物造型

下面看看如何利用模具翻模制作系列造型吧!

① 在外模1里面刷上适量的痱子粉，在底部的细节处填充少量软陶泥(如图5-345)。

② 在外模1和外模2里面填充满软陶泥后对压(如图5-346至图5-348)，然后脱模，脱模后需要修整造型(如图5-349和图5-350)。

③ 用同样的方法翻制出身体和头部，可以翻制多个(如图5-351至图5-353)。

④ 为了效果更好可以结合手工捏塑的方法丰富细节与色彩(如图5-354)。

模塑法的优点在于可以在系列形象的制作中保证每个造型的形象和大小一致，同时有助于提高效率，节约制作时间。当然作为原创手办作品，在每个玩偶的神态与细节方面都应该适当地辅以捏塑法，从而丰富系列作品的个性特色。

通过这个课程练习实例可以看到，要表现一个主题对象，可以采用不同的造型手法，可以写实，可以卡通，甚至可以加入夸张大胆的想象(如图5-355)。

俗话说，一百个人看《红楼梦》就会有一百个“林妹妹”。同一主题在不同作者手中就会有不同的设计风格，当个人设计风格同时符合大众审美与市场的需要时，个人作品也就成为了商品与艺术品的最佳结合。

图5-356至图5-358是三个不同的作者根据三国人物张飞设计的动画雕塑，他们的作品具有鲜明的个人风格和强烈的趣味性。

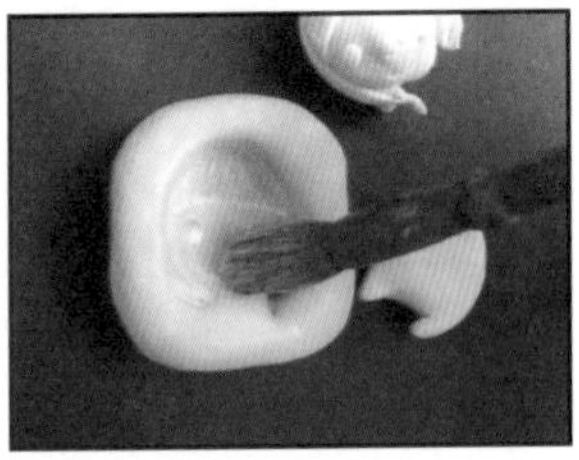
图5-345 翻模前需要刷一层痱子粉

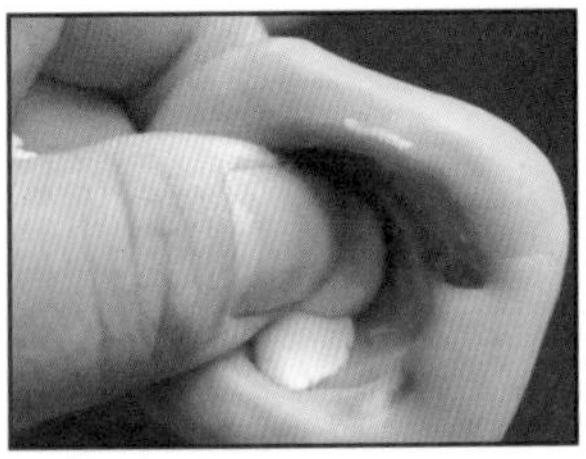
图5-346 填入软陶泥

图5-353 眼睛用手工捏塑进行变化

图5-354 身体姿态、色彩和图案上进行了变化的系列作品

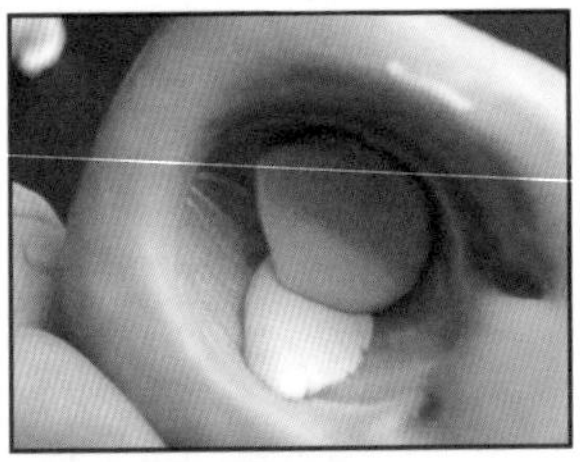
图5-347 继续填入软陶泥

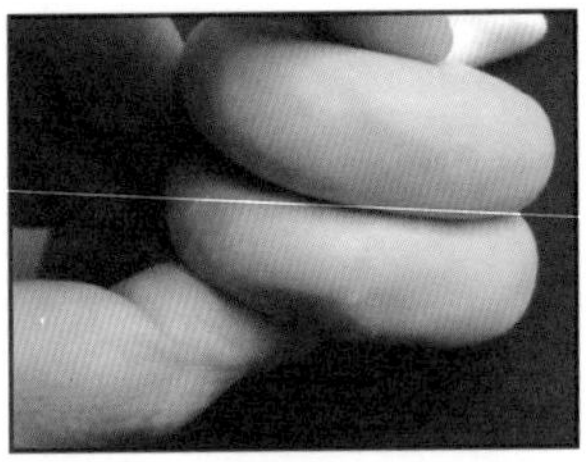
图5-348 两个外模对压

图5-355 多个不同风格的造型说明了创作手法的多样性

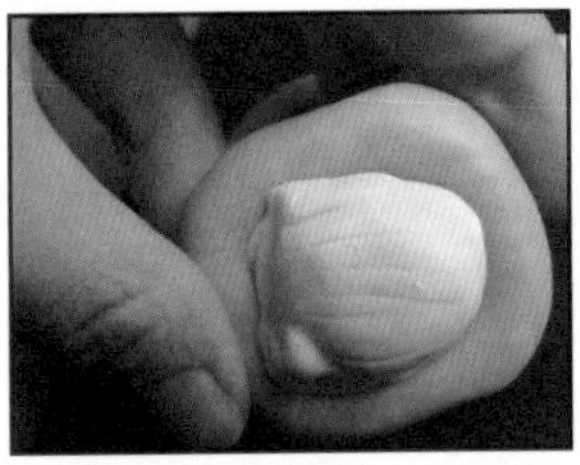
图5-349 取下一个外模

图5-350 翻模的效果

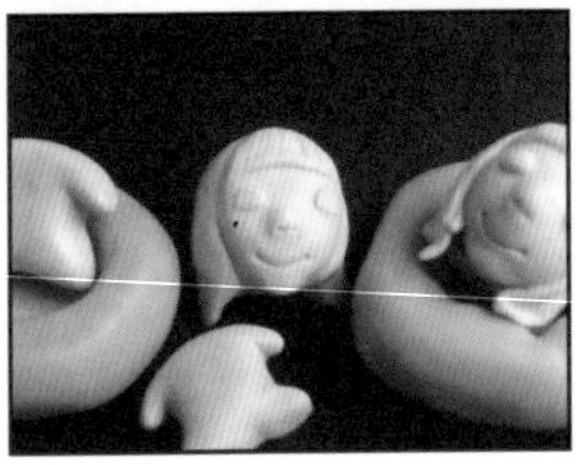
图5-351 翻制出一个模型

图5-352 翻制出多个头部模型

图5-356 《张飞造型1》

图5-357 《张飞造型2》

图5-358 《张飞造型3》

5.2 可动偶型制作实例

可动偶型在定格动画的拍摄中，如同电影演员一样需要通过肢体语言、表情变化来演绎动画故事情节（如图5-359至图5-361）。

可动偶型在制作时可以使用多种材料，下面通过一个实例来了解其使用多种材料的具体制作方法。

图5-359 一个简单的可动偶型

图5-360 定格动画中的可动偶型1

图5-361 定格动画中的可动偶型2

实例 可动偶型

① 首先画出可动偶型的草图（如图5-362）。

② 制作骨架。可动偶型的骨架制作十分重要，骨架决定偶型在动画片拍摄中动作的完成度。在制作时应注意关节不动的部位需要加以固定。一般情况下，可以用软陶制作关节部位进行固定（如图5-363），也可以用铜管与螺丝来固定。制作骨架的金属丝可以用比较有韧性且便于缠绕的铝丝。做好基本骨架后，用海绵或其他软纤维材料填充并用绳子捆绑固定好（如图5-364）。

③ 制作头部。这个玩偶使用超轻粘土与丝袜制作头部与身体部分。首先用超轻粘土捏出一个球体作为头部（如图5-365），在五官部位填进磁铁，便于后面更换五官（如图5-366）。在粘土外面包裹上肉色的丝袜（如图5-367），包裹之前可以抹一点白乳胶在粘土上，这样可以贴合得更紧密。把多余的布边都集中到头部后面，并用针线缝合好，然后搓出两个球体，用丝袜包裹后缝到脸部作为耳朵（如图5-368和图5-369）。

图5-362 可动偶型的草图

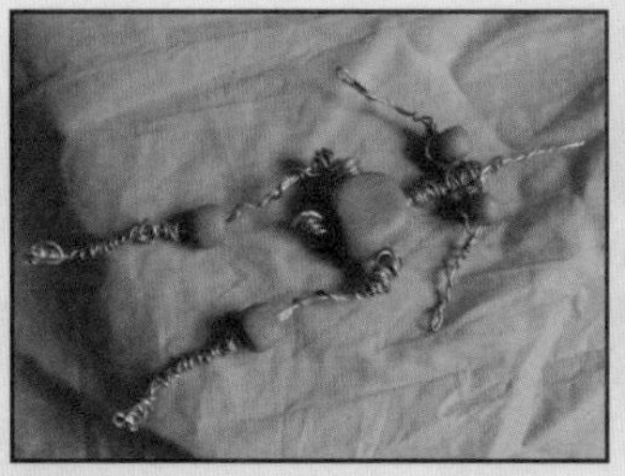
图5-363 用软陶制作骨架上的关节部位

图5-364 在骨架外面捆绑海绵固定

图5-365 用超轻粘土捏出一个球体作为头部

图5-366 在五官部位填进碳铁

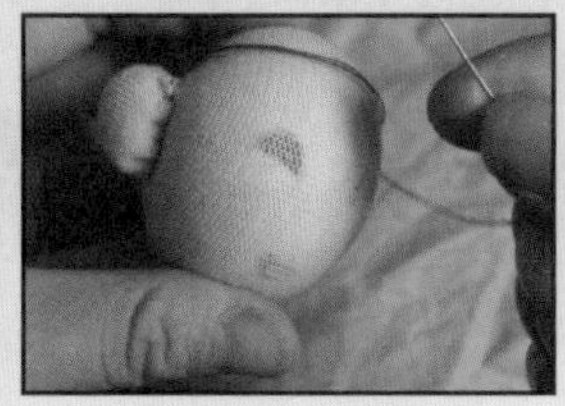
图5-367 用肉色丝袜包裹头部

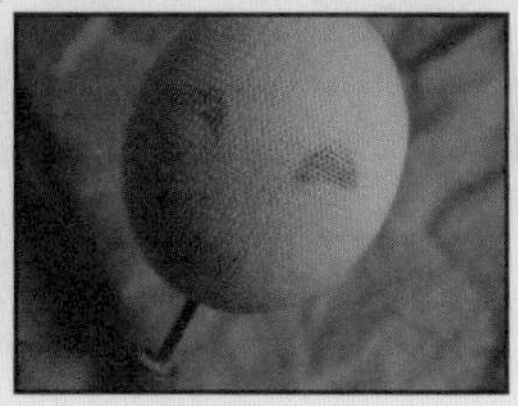
图5-368 缝制耳朵

图5-369 缝制好耳朵的头部效果

图5-370 缝制鼻子

④ 用同样的方式制作出鼻子，将其缝合到头部，尽量不要露出针脚（如图5-370）。用黑色超轻粘土制作头发并用白乳胶粘贴到头部，并用小剪刀适当修剪刘海。在脸颊和鼻子上面适当地打上腮红，然后用红色的布条装饰发髻（如图5-371）。

⑤ 眼睛和嘴巴需要用磁铁固定（如图5-372），因此用软陶制作可替换的眼睛（如图5-373），制作好后包在磁铁上面烘烤，如果有万能粘土也可以替代磁铁发挥临时固定的作用，嘴巴也以同样的方法用超轻粘土制作（如图5-374）。眼睛与嘴巴要制作几个可替换的造型，用于偶型的表情变化。

不同的五官变化造型可以搭配组合形成不同的人物表情（如图5-375至图5-380）。这里需要注意的是，嘴巴要用万能粘土来固定，方便替换（如图5-381）。

⑥ 接下来制作手部，手部相对来说较为复杂，需要做出大拇指和简化的手掌造型，再制作出手指，这个偶型对手部造型进行了简化，同时为了活动方便，在乎臂里放置了金属丝作为骨架（如图5-382）。

⑦ 制作衣服。因为是古装人物，所以按照汉服的款式进行裁剪和制作（如图5-383和图5-384）。当然服装不会像真人服装那样完全贴合，重点在于做出服装的基本造型，同时配合偶型的角色造型要求，便于偶型肢体动作的变化。然后裁剪制作出裤子（如图5-385）。裤子制作完成后穿在偶型身上，用腰带系好（如图5-386），最后给人物穿上上衣，并用针线适当地缝制和固定以便于拍摄(如图5-387和图5-388)。

图5-371 头发和脸部做好的效果

图5-372 眼睛和嘴巴需要用磁铁固定

图5-373 用软陶制作可替换的眼睛

图5-374 嘴巴用超轻粘土制作

图5-375 表情1

图5-376 表情2

图5-377 表情3

图5-378 表情4

图5-379 表情5

图5-380 表情6

图5-381 用万能粘土固定嘴巴

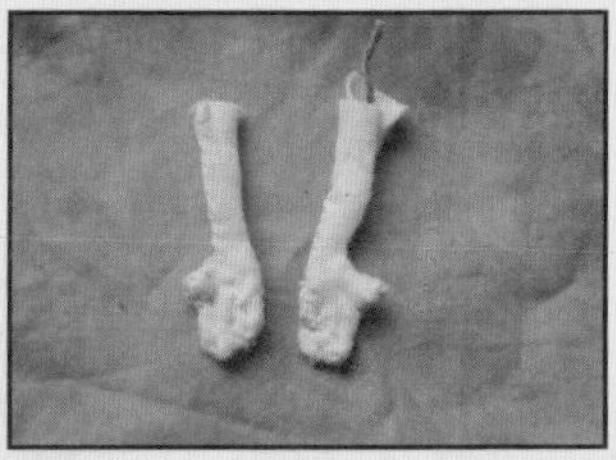
图5-382 手臂里放置了金属丝作为骨架

图5-383 按照汉服的款式裁剪上衣

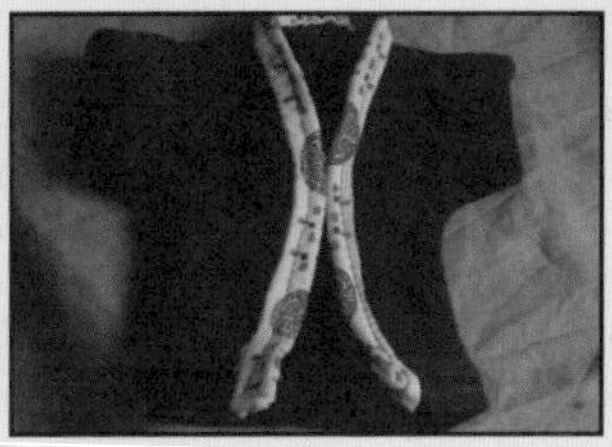
图5-384 制作好的上衣

图5-385 裁剪制作出裤子

图5-386 用腰带系好裤子

⑧ 制作鞋子，鞋底用树脂或硅胶之类的材料制作，鞋面可以用布或其他材料缝制。这个偶型的鞋子是用麻绳编织的（如图5-389），将鞋底粘接在腿部，为了在拍摄时很好地固定偶型，在鞋底可以镶嵌螺丝帽（如图5-390），用螺丝母固定在场景里，有时也可以用万能粘土、速成钢来固定。

⑨ 这样一个可动偶型就制作完成了（如图5-391）。可动偶型在拍摄动画的过程中常常会出现身体部件损坏的问题，因此应该制作好备用的五官、手部和鞋子等部件以便替换。

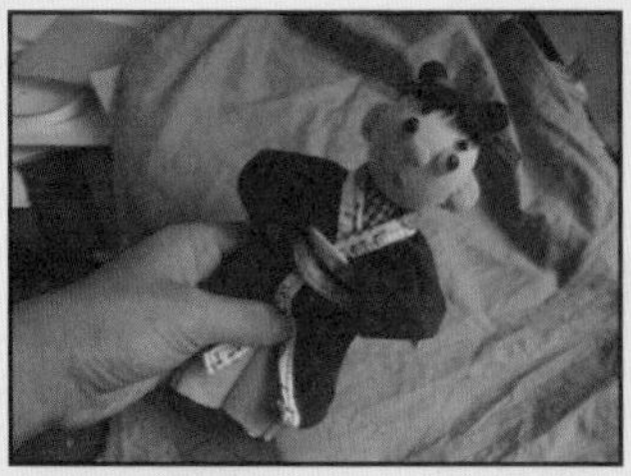

图5-387 给人物穿上上衣

图5-388 用针线适当地缝制固定衣服

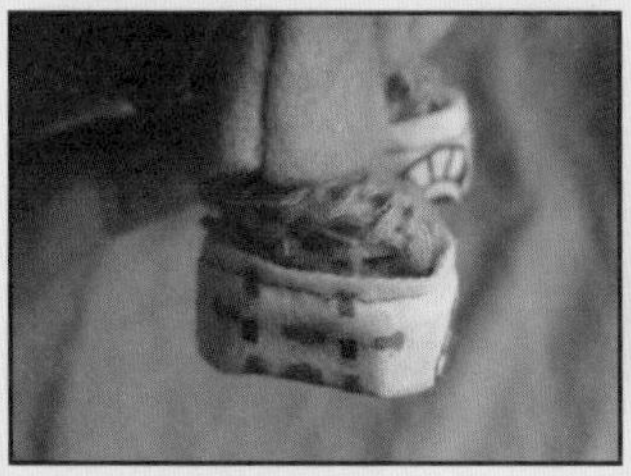

图5-389 用细麻绳编织的鞋子

图5-390 在鞋底镶嵌螺丝帽

图5-391 偶型在场景里面的效果

5.3 场景及道具制作实例

动画角色需要各种背景及道具组成的场景烘托，而因为室外的自然光始终处于变化之中，一般情况下我们需要搭建室内拍摄的场景。景观、户外场景的搭建需要用丰富的材料来呈现多层次的空间感，包括近景、中景、远景。

现在在市场上可以购买到这些特殊的制作场景的材料。图5-392是用各种材料搭建的一个场景局部，图5-393是用来制作草坪的草粉，图5-394是用于搭建各种建筑物的木条，图5-395是用于制作场景中建筑物的泡沫块。还有一些材料可以通过自己的积累与收集得到。西班牙插画师伊尔玛·格林霍尔茨（Irma Gruenholz）的粘土插画作品中的很多场景制作十分精美。图5-396中每个房屋的零部件都按照一定的比例制作（如图5-397），所有房屋的位置也是精心安排、层次井然的，能够很好地突出人物。

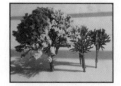

图5-392 小景观

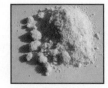

图5-393 草粉

图5-394 木条

图5-395 泡沫块

图5-396 伊尔玛·格林霍尔茨的作品

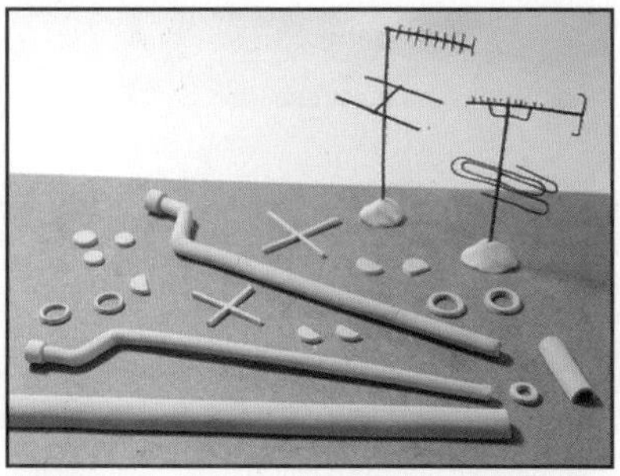

图5-397 伊尔玛·格林霍尔茨作品中房屋的零部件

图5-398是动画片《黄香温席扇枕》中的一个重要场景草图，呈现的是一个冬天的乡村院落，下面以此为例来学习场景和道具的制作。

图5-398 动画片《黄香温席扇枕》中的场景草图

实例1 场景

① 制作地面：将灰色油泥铺在KT板上（如图5-399），铺一部分白色碎纸浆在上面，营造出雪景的感觉（如图5-400）。

② 制作房屋：用KT板搭建出房屋的大致形状（如图5-401），制作出房顶和墙壁（如图5-402）。

在墙面上先铺几层毛边纸（如图5-403），然后刷上浅灰色丙烯，再用燃着的香在上面划一些凹陷的痕迹。屋顶用硬卡纸折叠出凸凹不平的瓦片状的效果（如图5-404），同时刷上灰红色丙烯。

③ 制作远景：远景是一排排的雪山，也主要用纸材完成，在纸材里面可以用泡沫块、软纸等填充物进行支撑，再在外面用白乳胶一层层地糊上白色的揉皱的软纸（如图5-405和图5-406）。

为了让山的质感更好，使用液态粘土（如图5-407），这种粘土未干之前呈现完全的液态。将纸片放入盛满这种粘土的容器中，取出晾干后就可变硬定型。这里将纸片浸满液态粘土后粘贴在已做好的“山”的外层（如图5-408和图5-409），加强山体的颗粒感。

待纸片风干后在上面刷上白色的丙烯颜料，在地面上也同样地刷上一层白色的丙烯料（如图5-410）。

图5-399 将灰色油泥铺在KT板上

图5-400 铺上一部分白色碎纸浆

图5-401 用KT板搭建出房屋的大致形状

图5-402 制作房顶和墙壁

图5-403 在墙面上先铺几层毛边纸

图5-404 用硬卡纸折叠出瓦片状的效果

图5-405 在泡沫块外面粘贴上白纸

图5-406 糊上白色的揉皱的软纸

图5-407 液态粘土

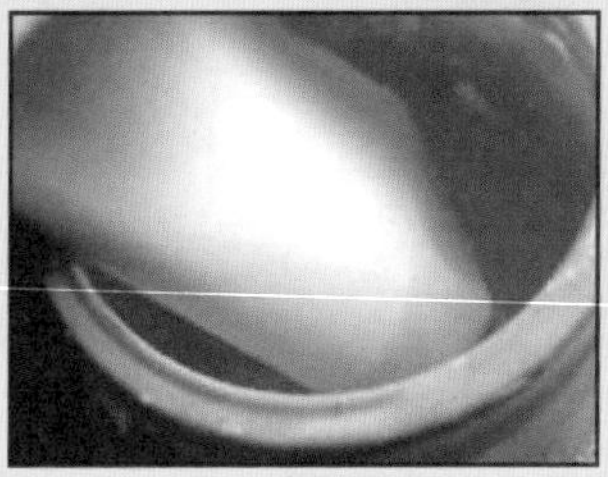

图5-408 将纸片浸满液态粘土

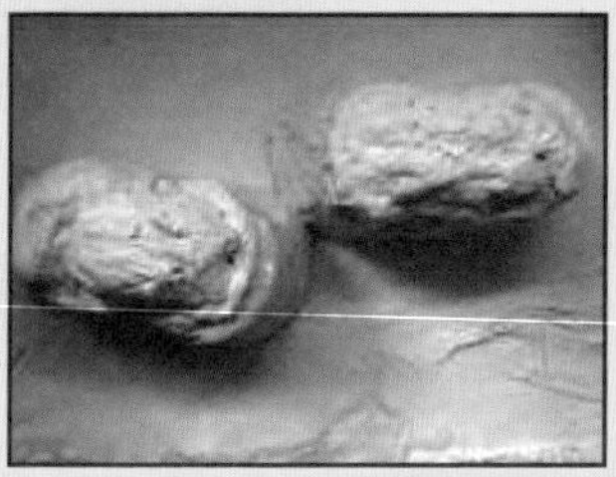

图5-409 将浸满液态粘土的纸片逐层糊到“山”上

图5-410 在风干的纸面和地面上刷上一层白色丙稀颜料

在远景的部分可以做一个背景，在板材上涂上背景的颜色，也可以直接用有颜色的板材制作背景，在背景上还可以加入呼应的场景内容，用绘画成剪纸的方式完成。该实例中用卡纸剪出山的形状（如图5-411），将其贴到背景上（如图5-412），然后用蓝色无纺布剪出云朵的形状（如图5-413），将其固定在背景上（如图5-414），再用白色无仿布剪出小一点儿的云朵形状（如图5-415），并将其浸满液态粘土（如图5-416），待风干后将其固定在蓝色的云朵上（如图5-417）。

④ 接下来制作近景中的水井和篱笆。

用油泥捏塑出水井的基本造型并刷上灰色颜料（如图5-418），然后用树脂粘土捏塑出水井上的轮廓并用丙稀颜料着色（如图5-419）。

用树脂粘土搓出泥条制作篱笆（如图5-420），将篱笆制作好后接连在一起围成一个圈，然后用丙烯颜料着色（如图5-421）。这时场景中的部分内容已经完成（如图5-422）。

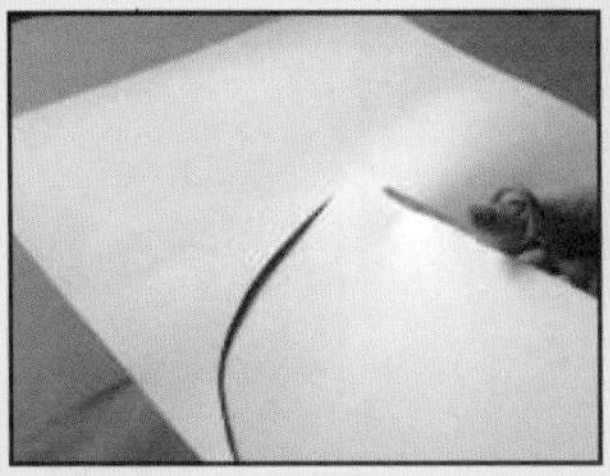
图5-411 用卡纸剪出山的形状

图5-412 贴在背景上面的"山"

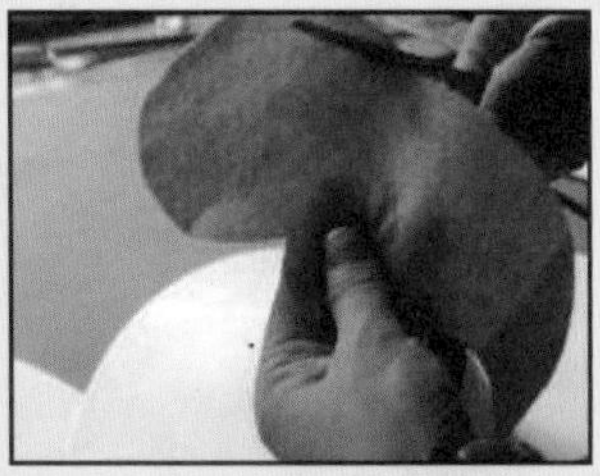
图5-413 用蓝色无纺布剪出云朵的形状

图5-414 将云朵固定在背景上面

图5-415 用白色无纺布剪出小一点儿的云朵形状

图5-416 将剪好的云朵浸满液态粘土

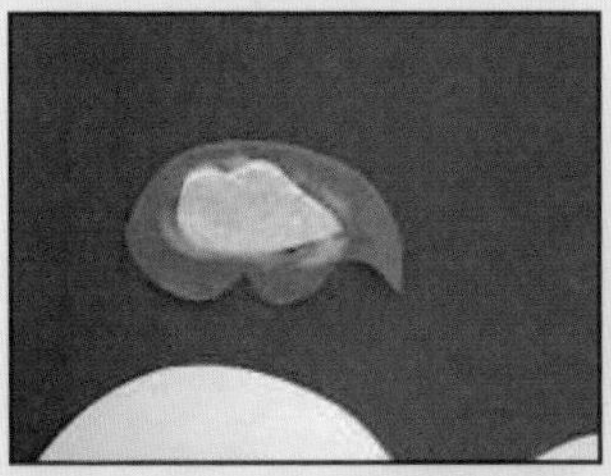
图5-417 待液态粘土风干后将其固定在蓝色的云朵上面

图5-418 用油泥捏塑出水井造型

图5-419 用树脂粘土捏塑出水井上的轱辘并着色

图5-420 用树脂粘土搓出泥条制作篱笆

图5-421 用丙稀颜料给篱笆着色

图5-422 完成部分场景内容的效果

⑤ 门的制作：将PVC板裁切成适当的大小（如图5-423），用工具刀在上面刮出划痕后刷上棕色的丙烯颜料（如图5-424）。将制作饰品的金属花托固定在PVC板上（如图5-425），用丙烯颜料给花托刷上暗铜色作为门环（如图5-426）。

⑥ 接下来用树脂粘土制作树木。先用树脂粘土包裹一段铁丝作为树干（如图5-427），待半干后将树干固定到场景中（如图5-428），在树脂粘土未干之前用工具刀戳出树洞和划痕（如图5-429），然后用树脂粘土搓出纸条作为树枝（如图5-430），并将其粘贴到树干上（如图5-431至图5-433），仔细观察并整理造型，也可以再点缀一些细小的树枝（如图5-434）。

图5-423 将PVC板裁切成适当的大小

图5-424 用工具刀刮出划痕后刷上棕色的丙烯颜料

图5-425 将金属花托固定在PVC板上

图5-426 给金属花托刷上暗铜色

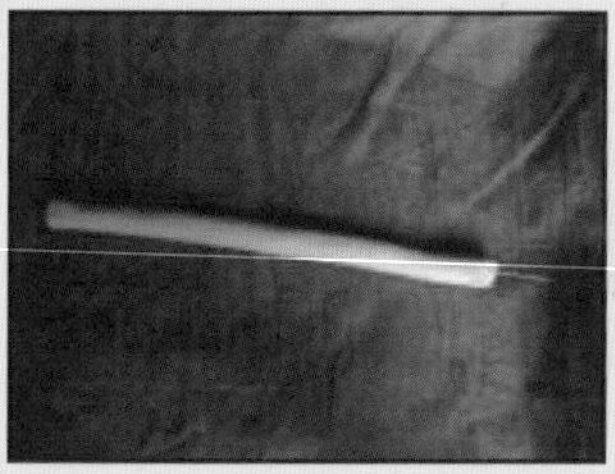

图5-427 用树脂粘土包裹一段铁丝作为树干

图5-428 把树干固定到场景中

图5-429 在树脂粘土未干之前用工具刀戳出树洞和划痕

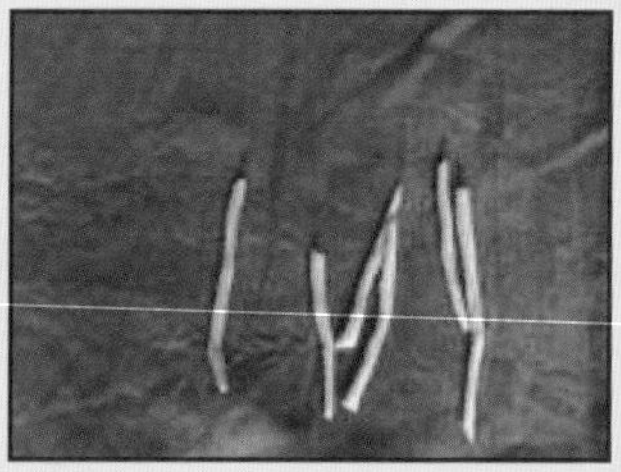

图5-430 用树脂粘土搓出泥条作为树枝

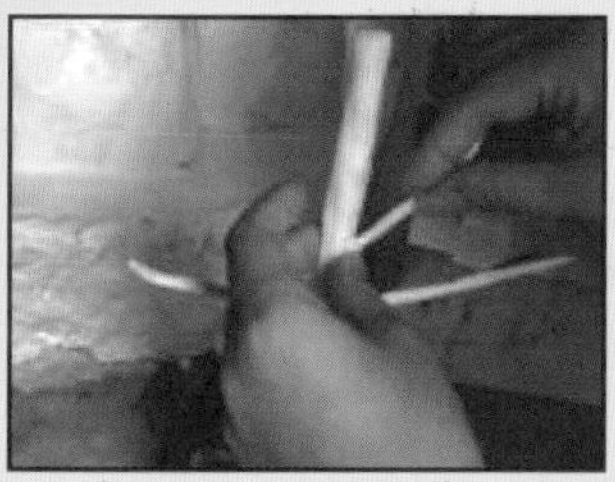

图5-431 将树枝粘贴到树干上

图5-432 再在树干上粘贴上一些小树枝

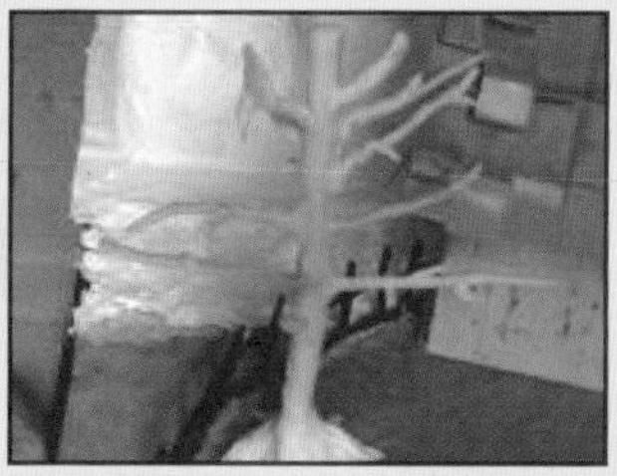

图5-433 树枝粘贴好后的效果

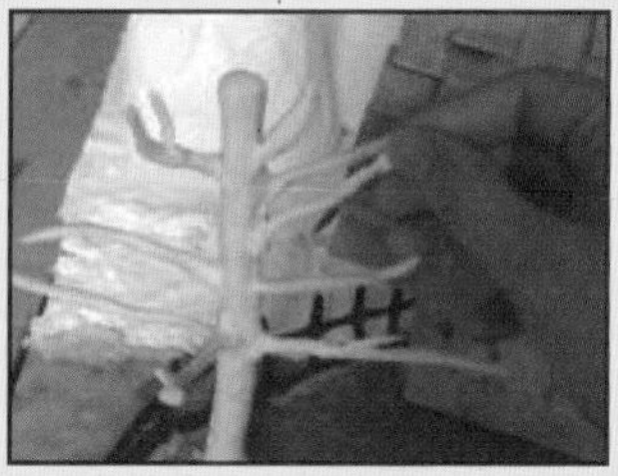

图5-434 再点缀一些细小的树枝

然后用丙烯颜料给树木整体着色（如图5-435和图5-436），最后用超轻粘土捏出一些树叶并用白乳胶固定在树枝上（如图5-437）。

⑦ 制作积雪：场景中积雪的效果可以用白色软陶泥来制作。将白色软陶泥削成碎块（如图5-438），将其聚集成堆，烘烤后堆积到场景中需要的地方（如图5-439）。

⑧ 制作小路：在树脂粘土中加入少许灰色水彩颜料将其调制成灰色，然后将灰色的树脂粘土铺成一层粘贴到房屋前，作为小路（如图5-440）。将切成碎块的软陶泥烘烤后镶嵌进未干的树脂粘土中，作为路面上的石子（如图5-441、图5-442和图5-443）。

⑨ 这样主体场景就基本完成了（如图5-444）。

图5-435 用丙烯颜料给树木整体着色

图5-436 树木着色完成后的效果

图5-437 在树枝上用白乳胶粘贴几片树叶

图5-438 将白色软陶泥削成碎屑

图5-439 将碎屑聚成堆烘烤后堆积到场景中

图5-440 将灰色的树脂粘土铺成一层粘贴到房屋前

图5-441 将软陶泥切成碎块

图5-442 将烘烤后的软陶泥碎块镶嵌到未干的树脂粘土中

图5-443 路面做好后的效果

图5-444 主体场景基本完成后的效果

实例 2 道具

① 水桶的制作：准备红、黄、黑三种颜色的软陶泥，按照6:3:2的比例取量并分别搓成泥条（如图5−445），将三根泥条放在一起拧成麻花状（如图5−446），并继续拧，直至呈现出接近木纹的颜色时停下来（如图5−447和图5−448），将泥条按压成长方形后，用工具刀切成大小一致的长方形（如图5−449），然后组合粘贴制作成水桶（如图5−450）。烘烤完成后给水桶系上麻绳并放入场景中（如图5−451）。

② 裁切出适当大小的红纸，写上文字作为春联（如图5−452），用软陶泥搓出泥条制作辣椒（如图5−453），用黄色软陶泥搓出小泥条并用刻刀进行雕刻制作出玉米（如图5−454）。用一些真实的枯树枝（如图5−455）或石块装饰场景。

③ 将上述道具放置在场景中的适当位置（如图5−456），观察场景的正面和俯视效果（如图5−457和图5−458），也可以打上侧暖光观察效果（如图5−459）。

④ 检查无误后使用喷胶（如图5−460）喷洒场景和道具以固定各个部件。

⑤ 将偶型放入制作完成的整体场景中（如图5−461），这样一个包含人物的动画片的场景就算全部完成了。

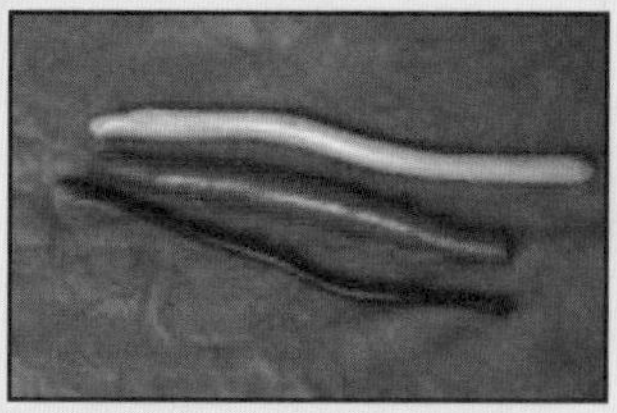

图5-445 准备好三种颜色的软陶泥

图5-446 将三根泥条放在一起拧成麻花状

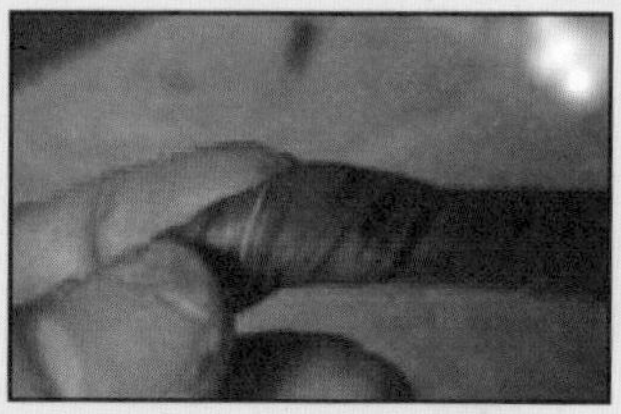

图5-447 继续拧

图5-448 搓成接近木纹颜色的效果

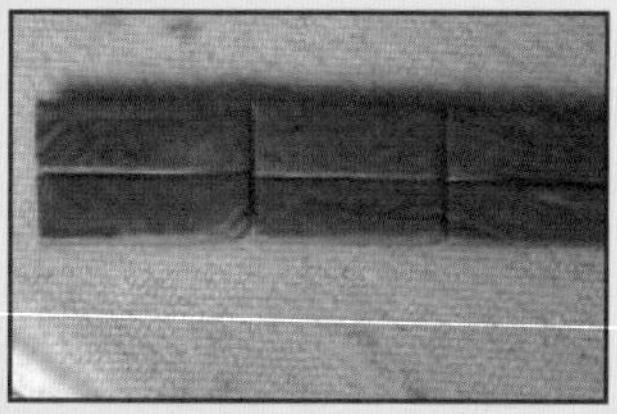

图5-449 将泥条按压成长方形后切成大小一致的长方形

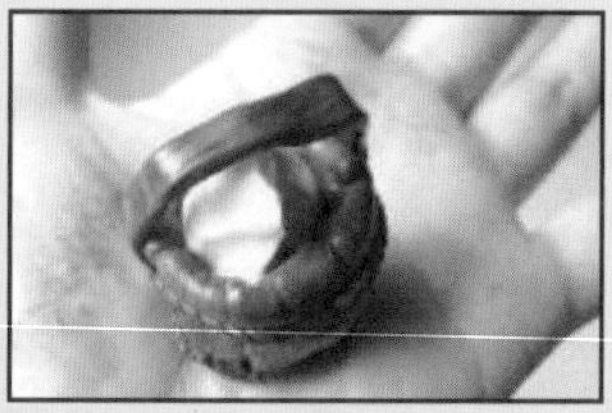

图5-450 制作好的水桶

图5-451 将水桶烘烤后系上麻绳

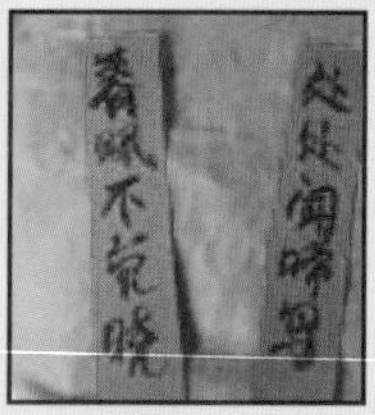

图5-452 春联

图5-453 用软陶制作好的辣椒

图5-454 用软陶制作好的玉米

图5-455 真实的枯树枝

图5-456 加上道具的场景效果

图5-457 场景正面效果

图5-458 场景俯视效果

图5-459 打上侧暖光后的场景效果

图5-460 用于固定场景内容的喷胶

图5-461 将偶型放入场景中的效果

5.4 手办模型制作实例

手办模型通常是以动画电影角色、游戏角色为制作对象，用粘土材料手工制作完成，制作者以个体为主，并且强调独立的手工制作，非批量生产。

下面以电影《阿凡达》中的女主角形象为例了解其具体制作过程。

实例 手办模型

① 首先画出人物形象草图（如图5-462）。
② 用金属丝制作骨架，如果用软陶制作需要在金属骨架外面包裹一层锡纸或透明胶布（如图5-463和图5-464）。
③ 包裹外层泥时尽量根据人体的基本结构和肌肉走向，该角色为女性，因此身体线条相对柔和（如图5-465和图5-466）。
④ 制作手臂，进一步塑造细节造型（如图5-467和图5-468）。

图5-462 人物形象草图

图5-463 用金属丝制作骨架并固定

图5-464 在骨架上包裹泥片

图5-465 根据人体的基本结构及肌肉走向包裹蓝色外层泥

图5-466 塑造身体造型

图5-467 制作手臂

图5-468 塑造细节

⑤ 塑造头部并粘接在身体上进一步塑造完成头部造型（如图5-469和图5-470）。

⑥ 利用软陶花条的制作可以设计制作人物的服饰及配饰（如图5-471和图5-472）。

⑦ 完成整理（如图5-473和图5-474）。

图5-469 制作完成的头部

图5-470 整体造型基本完成

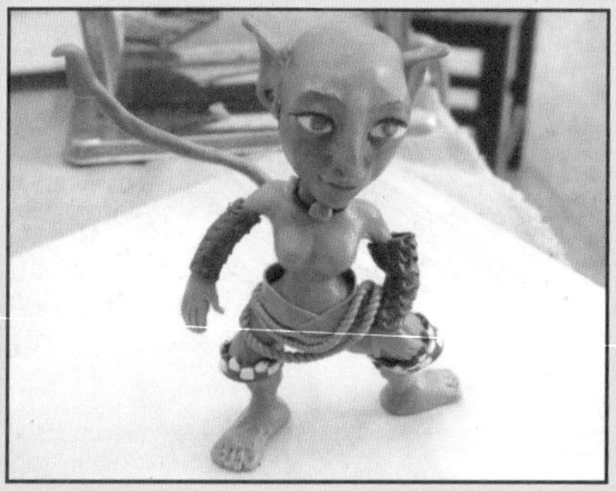

图5-471 尾巴要用金属丝支撑

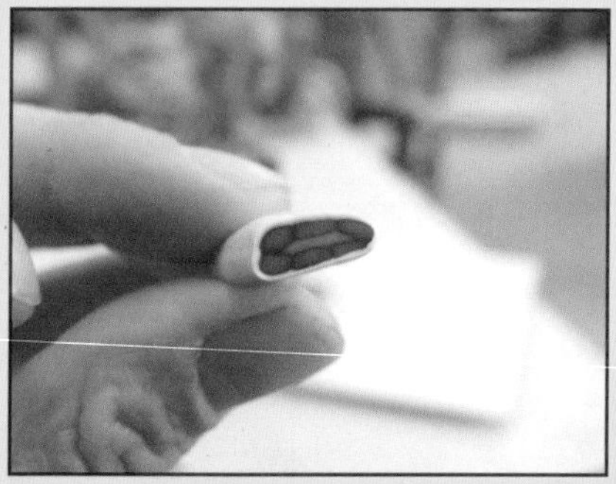

图5-472 用花条制作配饰

图5-473 制作角色的服饰

图5-474 完成图

CHAPTER 6

动画雕塑作品赏析

本章将呈现各种类型与造型风格的动画雕塑作品，其制作材料基本以粘土为主。通过分析这些作品的风格及创作思路，进一步分析动画雕塑作品创作风格的多样性。

本章重点：各种风格动画雕塑作品的赏析

6.1 卡通造型动画雕塑

卡通造型通常利用夸张和拟人的手法将各种对象的形象进行变化，从而创造出新的具有趣味性、形式感且富于个性的造型。与此同时，这些手法的运用使得动画片中卡通角色的性格和情感特征得以凸显（如图6-1至图6-5）。

6.1.1 卡通动物

拟人手法的运用使下面这组仓鼠系列造型表情夸张、可爱，形象生动、活泼（如图6-6）。

图6-1 软陶作品《小刺猬》/杜靓

图6-2 软陶作品《小龙》/杜靓

图6-3 软陶作品《狮子》/杜靓

图6-4 软陶作品《小狗熊》/杜靓

图6-5 软陶作品《黑猩猩母子》/杜靓

图6-6 软陶系列作品《卡通仓鼠》/吴媚

图6-7至图6-9是由三个不同作者创作的兔子造型，它们形态各异，风格迥然。

爬行动物是一种古老的动物，也是很多动画片中的主要角色，其中恐龙深受儿童喜爱。图6-10至图6-12都是根据真实的恐龙化石特征进行适当夸张后创作的卡通造型，其中图6-10和图6-11的卡通恐龙还使用了图案装饰手法。图6-13中的蜥蜴则巧妙地使用了毛绒材料。

下面是一组保留了动物皮毛特征的玩偶作品。用锥子、雕塑刀或压印工具都可以制造出逼真的动物皮毛效果（如图6-15至图6-17）。

图6-7《怀旧兔兔》/杜靓

图6-8《情侣兔》/陶思思

图6-9 兔玩偶年历/寒涵

图6-10 软陶作品《雷龙》/杜靓

图6-11 软陶作品《霸王龙》/杜靓

图6-12 树脂粘土作品《霸王龙》/杜靓

图6-13 软陶和毛绒作品《蜥蜴》/寒涵

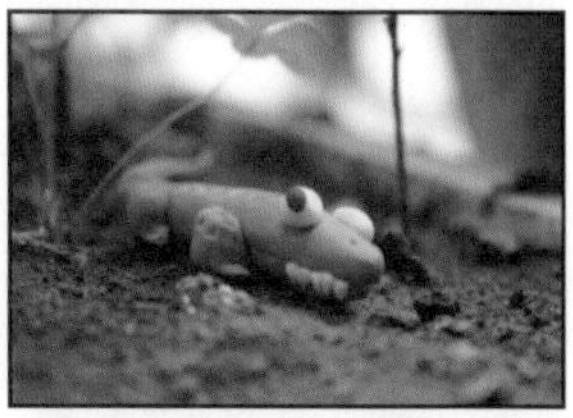

图6-14 软陶作品《鳄鱼》/杜靓

图6-15 软陶作品《河豚》/项翀

图6-16 软陶作品《黑猫》/项翀

图6-17 软陶作品《长毛狗》/项翀

6.1.2 卡通人物

下面的人物作品使用软陶结合其他材料如毛线、碎布等进行制作，人物五官造型各异，作品生动有趣。此外，头发、服饰以及场景的细节制作也都很有意思（如图6–18至图6–24）。

此外，利用蛋壳和软陶也可以做出很多可爱的造型（如图6–25至图6–27）。

6.1.3 木夹玩偶

在一个微小的空间范围可以充分发挥创意与想象，是木夹玩偶的趣味所在。图6–28是用类似平面脸谱的装饰性形象制作的木夹玩偶。

图6-18 软陶作品《小主妇》

图6-19 软陶作品《女巫》

图6-20 软陶作品《戴手套的女孩》

图6-25 蛋壳软陶作品《花精灵》/尼彩

图6-21 软陶作品《牧羊女》

图6-22 软陶作品《红衣女孩》

图6-26 蛋壳软陶作品《伯爵夫人和先生》/张莉

图6-27 蛋壳软陶作品《爷爷奶奶》/杜靓

图6-23 软陶作品《小丑 1》

图6-24 软陶作品《小丑 2》

图6-28 软陶木夹作品《春、夏、秋、冬》/杜靓

6.2 带有场景的动画雕塑

带有场景的动画雕塑和是在动画角色造型的基础上制作出带有道具、场景的作品，这类作品可以更加充分地体现角色所处的环境，表现角色的性格特征和服饰特点。

这类作品可以借鉴插画进行创作，同时也可以根据照片进行创作。图6-29至图6-36就是一些根据韩国插画师依智（Echi）的插画创作的粘土雕塑作品。

图6-37和图6-38中的花仙子和美人鱼形象十分可爱，作品整

图6-29 软陶作品《冥想1》/伍冬梅

图6-30 软陶作品《冥想2》/伍冬梅

图6-31 软陶作品《冥想3》/伍冬梅

图6-32 软陶作品《旋转木马》

图6-33 根据插画改编的粘土雕塑1/陶思思

图6-34 根据插画改编的粘土雕塑2/陶思思

图6-35 根据插画改编的粘土雕塑3/伍冬梅

图6-36 根据插画改编的粘土雕塑4/伍冬梅

图6-37 软陶作品《花仙子》/伍冬梅

体风格比较柔美。

此外，可爱的洋娃娃是每个女孩儿时喜爱的玩具，将洋娃娃用软陶制作出来会别有一番趣味。图6-39是一组不同服饰造型的洋娃娃作品。

6.3 运用了夸张和拟人手法的动画雕塑

运用夸张和拟人手法进行创作，可以增强角色的独特性。图6-40中的《熊猫娃娃》身着军装，风格怀旧，富有中国特色，是一组极富趣味性的作品。

图6-41中的作品是用树脂粘土配合手绘着色完成的，角色造型夸张、可爱，将人与恐龙的造型完美结合，色彩自然协调，具有独创性。

图6-42至图6-45是一组可爱的食物造型玩偶作品。

图6-38 软陶作品《美人鱼》/伍冬梅

图6-39 软陶作品《可爱的洋娃娃》/张莉

图6-40 软陶作品《熊猫娃娃》/伍冬梅

图6-41 树脂粘土作品《恐龙一家》/杜靓

图6-42 软陶作品《柠檬娃娃》

图6-43 软陶作品《辣椒娃娃》

图6-44 软陶作品《巧克力娃娃》

图6-45 软陶作品《草莓娃娃》

6.4 以电影人物为原型制作的软陶玩偶

根据动画片电影里面的角色形象制作的玩偶常常会受到影迷们的热捧（如图6-46至图6-49）。有时，根据电影明星在影片里面的造型制作的玩偶同样会广受欢迎并热卖（如图6-50至图6-53）。

图6-46 动画片《霍顿与无名氏》中的JOJO玩偶造型/项翀

图6-48 动画片《冰河世纪》中的角色造型/刘远

图6-49 动画片《玩具总动员》中的人物角色造型/刘远

图6-50 根据电影《杜拉拉升职记》中徐静蕾形象制作的玩偶作品1/北京陶立方文化发展有限公司

图6-47 电影《外星人》中的ET玩偶造型/刘远

图6-51 根据电影《杜拉拉升职记》中徐静蕾的形象制作的玩偶作品/2 北京陶立方文化发展有限公司

图6-52 根据电影《杜拉拉升职记》中黄立行形象制作的玩偶作品/北京陶立方文化发展有限公司

6.5 富有中国民间文化特色的动画雕塑

下面几组作品都从中国本土文化中汲取了创作的灵感。图6-53中的作品是运用了中国民间剪纸元素，图6-54中的作品则使用了中国京剧脸谱元素，图6-55中的作品对中国京剧中的戏曲人物造型进行了提炼概括，图6-56和图6-57中的作品则使用了地方戏曲中的人物形象。

6.6 应用中国传统文化元素的动画雕塑

中国历史文化底蕴深厚，可供我们挖掘出丰富多样的创作元素。下面是一组应用了中国传统文化元素的作品。图6-58至图6-60中展示了中国女性不同时期的服装造型，其中图6-59中特别夸张了人体的臀部，使中国旗袍具有了新的意味。而图6-61则描绘的是中国传统神兽貔貅的形象。

三国故事是一直为人们津津乐道，根据“三国”拍摄的动画片和设计的网络游戏都深受人们的喜爱。下面是三组取材自三国的人物玩偶作品，分别由三个不同的作者设计制作，通过他们的作品我们可以感受到个人风格的差异。

图6-62至图6-66中的作品造型完整、细节丰富、人物特征鲜明，是一组优秀的三国人物作品。

图6-53 树脂粘土作品《寿喜娃娃》/杜靓

图6-54 树脂粘土作品《悲喜剧》

图6-55 软陶作品《生、旦、净、末、丑》/杜靓

图6-56 软陶作品《孟宗哭竹》/杜靓

图6-57 软陶作品《高登》/杜靓

图6-58 软陶系列作品《仕女1》/伍冬梅

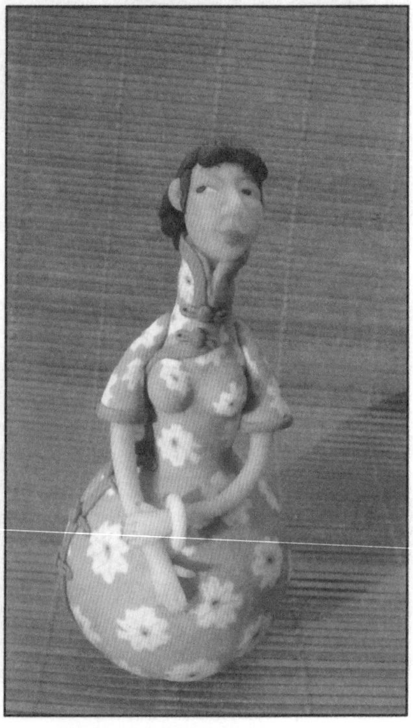

图6-59 软陶作品系列《仕女2》/伍冬梅

图6-60 软陶作品《仕女3》/伍冬梅

图6-61 软陶作品《神兽》/项翀

图6-62 软陶作品《张飞》/姜学明

图6-63 软陶作品《诸葛亮》/姜学明

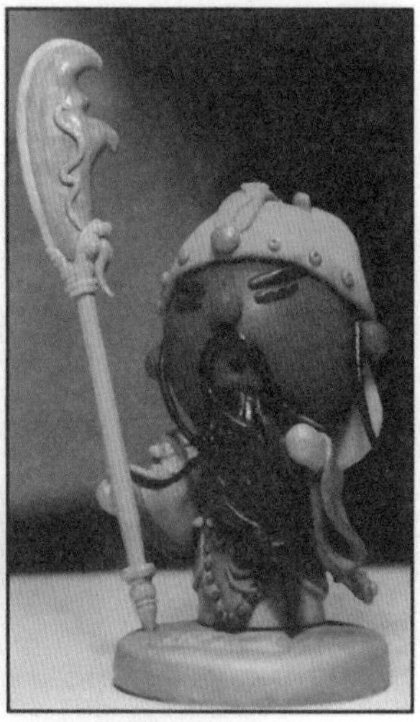

图6-64 软陶作品《关羽》/姜学明

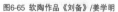

图6-65 软陶作品《刘备》/姜学明

图6-66 软陶作品《曹操》/姜学明

图6-67至图6-69是另外一组颇具个性的三国人物作品，每个人物造型均配有坐骑，马的造型夸张适度、颇具古风，人物的眼睛设计较为程式化，但也体现了作者的个人风格，作品具有强烈的整体感和系列感。

图6-70至图6-73是又一组极富有个人特色的三国人物作品，以手工即兴捏塑为主，造型风格自由而独特。

图6-67 软陶作品《三国人物1》/路岩

图6-68 软陶作品《三国人物2》/路岩

图6-69 软陶作品《三国人物3》/路岩

图6-70 软陶作品《Q版三国人物》/杜靓

图6-71 软陶作品《Q版三国人物关羽》/杜靓

图6-72 软陶作品《Q版三国人物刘备》/杜靓

图6-73 软陶作品《Q版三国人物张飞》/杜靓

现在很流行一个词"Q"，是英语单词"cute"的谐音，指的是可爱、聪明、伶俐的意思，常常所说的Q版人物作品其实就是指将人物形象进行适当的夸张以突出其可爱、幽默特征的作品，图6-74至图6-81就是一组根据平面设计作品改编的《Q版达摩》作品。

图6-82至图6-85是使用中国民间面塑技法创作的人物造型作品，这些人物造型也是面塑常见的人物形象。

图6-74 软陶作品《Q版达摩系列》/项翀

图6-81 软陶作品《Q版达摩7》/项翀

图6-75 软陶作品《Q版达摩1》/项翀

图6-76 软陶作品《Q版达摩2》/项翀

图6-77 软陶作品《Q版达摩3》/项翀

图6-78 软陶作品《Q版达摩4》/项翀

图6-79 软陶作品《Q版达摩5》/项翀

图6-80 软陶作品《Q版达摩6》/项翀

图6-82 软陶作品《古装人物1》/康丽

图6-83 软陶作品《穆桂英》/康丽

图6-84 软陶作品《古装人物2》/康丽

图6-85 软陶作品《古装人物3》/康丽

6.7 漫塑风格的动画雕塑

漫塑风格是在抓住雕塑对象基础造型特征的前提下借用漫画手法对人物形象进行夸张变形以突出局部特征的一种雕塑风格。

图6-86和图6-87是两个外国人物造型，作者抓住人物的五官特征进行了夸张，使人物更加神似。

图6-88中作品形象滑稽、诙谐，充分体现了人物的特点。

图6-89至图6-93是一组根据影视谐星创作的漫塑风格人物雕塑作品。

漫塑手法不拘一格，可以自由创造，图6-94至图6-99是一组其他风格的漫塑作品。

图6-86 软陶作品《漫塑人物1》

图6-87 软陶作品《漫塑人物2》

图6-88 软陶作品《赵本山小品人物》/姜学明

图6-89 软陶作品《影视明星人物漫塑1》/杜靓

图6-90 软陶作品《影视明星人物漫塑2》/杜靓

图6-91 软陶作品《影视明星人物漫塑3》/杜靓

图6-92 软陶作品《影视明星人物漫塑4》/杜靓

图6-93 软陶作品《影视明星人物漫塑》/杜靓

6.8 写实风格的动画雕塑

写实是一种严格按照人物结构、比例、形象特征进行设计和制作的雕塑风格，写实并不是对原型的照搬，而是真实地反映人物的形象特征、性格和情感。写实也有不同的风格，而不是千篇一律的仿真。图6–100是加拿大粘土艺术家卡米拉·艾伦(Camille Allen)的作品，她擅长制作体量很小的婴儿造型，其作品是微型雕塑中的精品。

图6-94 软陶作品《精灵怪人》/杜靓

图6-95 软陶作品《算命先生》/杜靓

图6-96 软陶作品《大嘴女》/张莉

图6-97 软陶作品《精灵》/张莉

图6-98 软陶作品《情侣》/杜靓

图6-99 软陶作品《男青年》/杜靓

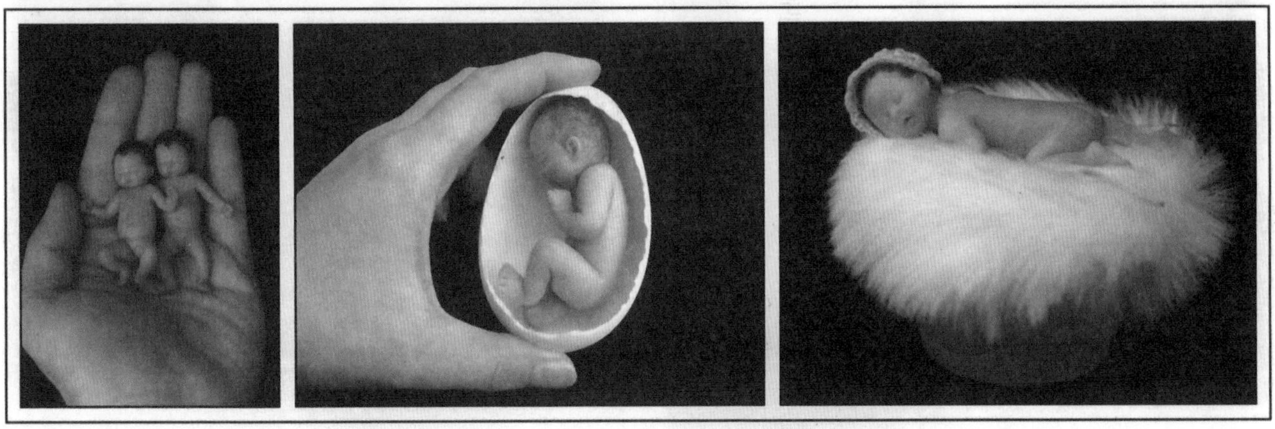

图6-100 加拿大艺术家卡米拉·艾伦的作品

6.9 个性艺术动画雕塑

个性艺术动画雕塑是设计者运用主观的创作理念进行造型设计的动画人物，这类作品更加注重突出设计者的个人思想、审美倾向，也反映一定的社会背景与文化内涵。其艺术价值在于玩偶的个性化造型特征及其他视觉要素透露出来的各种信息。

图6-101至图6-103是一组系列作品，人物造型故意夸张眼部，着装上也体现了20世纪的服装特点，具有浓郁的怀旧风格。

图6-104是一组《红色娘子军系列》雕塑作品，这组作品的灵感源于著名的芭蕾舞剧《红色娘子军》。

图6-101 软陶作品《小团圆》/杜靓

图6-102 软陶作品《80年代瞌睡娃娃》/杜靓

图6-103 软陶作品《逃跑的新娘》/杜靓

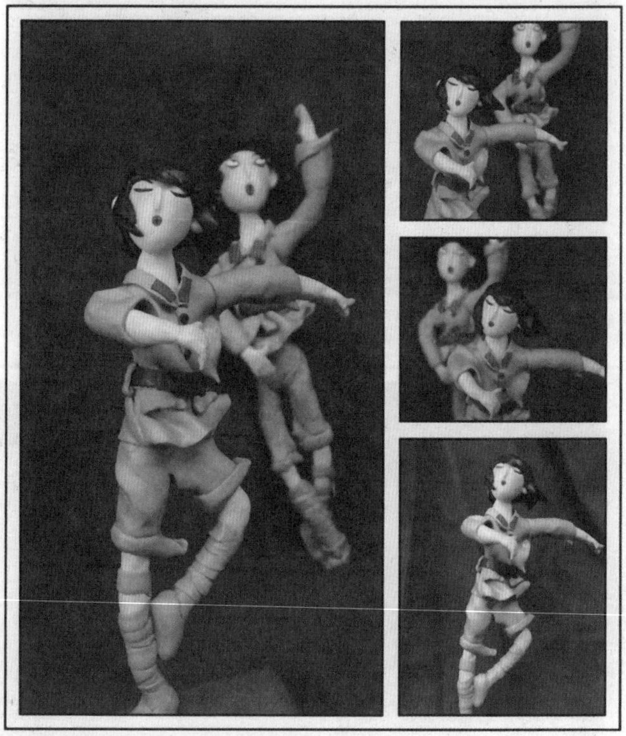

图6-104 软陶作品《红色娘子军系列》/杜靓

图6-105、图6-106和图6-107是一组母婴题材的作品，图6-105中的作品造型大胆、夸张，虽然不符合人体真实的比例，但是作品风格鲜明富有个性。

图6-108至图6-112是西班牙插画家伊尔玛·格林霍尔茨的粘土插画作品，其中图6-108取材自西方经典油画《阿尔诺弗尼夫妇像》（*The Arnolfini Marriage*）（如图6-109），作者使用粘土材料重新演绎之后，用自己特有的视角使原作有了新的生命力。

图6-105 软陶作品《怀孕的母亲》/杜靓

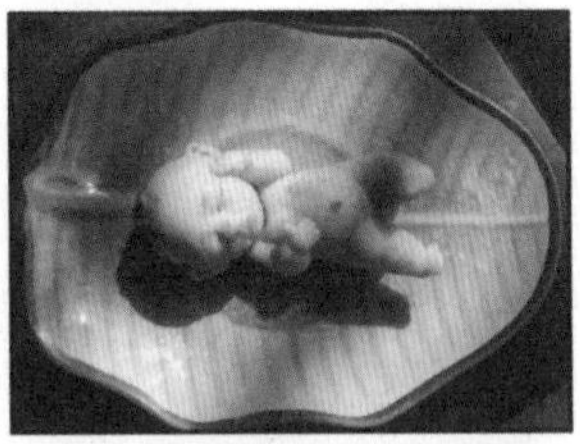

图6-106 软陶作品《小婴儿1》/杜靓

图6-107 软陶作品《小婴儿2》/杜靓

图6-109《阿尔诺弗尼夫妇像》局部/杨·凡·爱克（Jan Van Eyck）

图6-108 取材自油画《阿尔诺弗尼夫妇像》的插画作品

图6-110《头上的鸟》（Birds on the head）/伊尔玛·格林霍尔茨

图6-111《秘密》（Secret）/伊尔玛·格林霍尔茨

图6-112《时间小偷》（Thief of Time）/伊尔玛·格林霍尔茨

6.10 手办模型玩偶

手办模型玩偶造型源于动漫，其原型常常是影视动画、游戏人物中角色，设计师主要结合模塑用手工进行制作，其制作材料主要为树脂材料，如日本树脂，也包括软陶这类聚合性粘土。不同于普通玩偶的是，手办更注重玩偶各部件的组装方式、细节的表现手法及造型结构的精确性。图6-113至图6-117都是取材自流行网络游戏的角色造型。

图6-113 游戏人物/张莉

图6-114 游戏《植物大战僵尸》中的僵尸系列玩偶/刘远

图6-115 游戏《植物大战僵尸》中的植物系列玩偶/刘远

图6-116 影视人物《李小龙》

图6-117 影视人物

6.11 布绒材料制作的动画雕塑

除了粘土材料，其他各种类型材料都可以加以合理利用制作出动画角色造型，布绒材料就是常用的材料之一。图6-118和图6-119就是用亚麻布手工缝制及手绘等手法制作的人物造型，其造型怪异奇特、富有个性。无纺布、废旧袜子、毛线等材料也可以巧妙利用，做出有趣的造型（如图6-120和图6-121）。

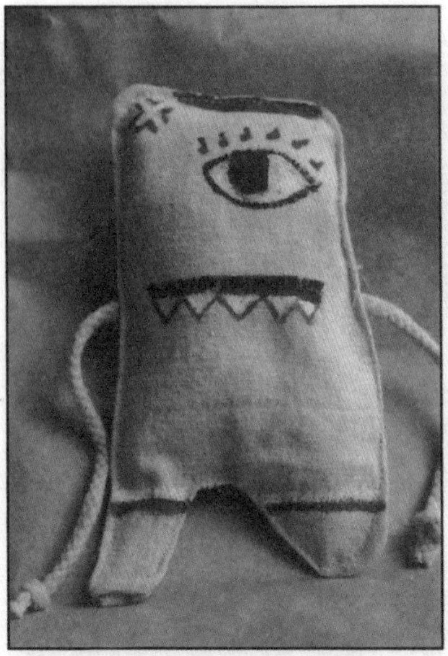

图6-118《独眼人》/杜靓

图6-119《怪脸人》/杜靓

图6-120 卡通动物/杜靓

图6-121《小河马》/杜靓

图书在版编目(CIP)数据

动画雕塑 / 杜靓，李松林编著. 一 北京：中国青年出版社，2012.12（2022.8重印）
中国高校“十二五”数字艺术精品课程规划教材
ISBN 978-7-5153-1396-2

I.①动… II.①杜… ②李… III.①计算机动画—高等学校—教材 IV. ①TP391.41

中国版本图书馆CIP数据核字（2012）第316142号

动画雕塑
中国高校“十二五”数字艺术精品课程规划教材
编　著：杜靓　李松林

企　划：北京中青雄狮数码传媒科技有限公司
策划编辑：付聪
责任编辑：易小强　张军
助理编辑：周莹
封面设计：六面体书籍设计　彭涛　郭广建
出版发行：中国青年出版社
社　址：北京市东城区东四十二条21号
网　址：www.cyp.com.cn
电　话：（010）59231565
传　真：（010）59231381

印　刷：湖南天闻新华印务有限公司
规　格：889×1194　1/16
印　张：7
字　数：227千字
版　次：2013年2月北京第1版
印　次：2022年8月第8次印刷
书　号：978-7-5153-1396-2
定　价：49.80元

如有印装质量问题，请与本社联系调换
电话：（010）59231565
读者来信：reader@cypmedia.com
投稿邮箱：author@cypmedia.com
如有其他问题请访问我们的网站：http://www.cypmedia.com